教育部大学计算机课程改革项目规划教材

数据库技术及应用实验指导
（Access 2010）

Shujuku Jishu ji Yingyong Shiyan Zhidao
（Access 2010）

车　念　鲁小丫　主　编

梅　林　黄　培　李贵兵　杨　林　副主编

唐向阳　主　审

U0322537

高等教育出版社·北京

内容简介

本书是与鲁小丫、丁莎主编的《数据库技术及应用（Access 2010）》（高等教育出版社，2015）配套的实验教材。本书分为七个单元，前六个单元提供了与"数据库技术及应用（Access 2010）"课程教学内容相配套的六类实验项目及相应的操作步骤；最后一个单元提供了综合自测题，包括表操作题、查询操作题、综合应用题。此外，附录部分还提供了全国计算机等级考试二级（Access 数据库程序设计）公共基础知识部分模拟试题。这些实验内容丰富，覆盖面广，有利于学生巩固所学的知识，提高计算机应用能力。

本书可作为高等学校非计算机专业的"书籍库应用技术"课程的实验教材，也可作为全国计算机等级考试二级（Access 书籍库程序设计）的备考用书以及数据库应用系统开发人员的参考书。

图书在版编目（CIP）数据

数据库技术及应用实验指导：Access 2010 / 车念，鲁小丫主编. --北京：高等教育出版社，2015.8（2019.12 重印）
ISBN 978-7-04-043401-9

I. ①数… II. ①车…②鲁… III. ①关系数据库系统 – 高等学校 – 教材 IV. ① TP311.138

中国版本图书馆 CIP 数据核字（2015）第 179810 号

策划编辑 刘 茜 责任编辑 刘 艳 封面设计 张 志 责任印刷 尤 静

出版发行	高等教育出版社	咨询电话	400-810-0598
社　　址	北京市西城区德外大街 4 号	网　　址	http://www.hep.edu.cn
邮　　编	100120		http://www.hep.com.cn
印　　刷	廊坊十环印刷有限公司	网上订购	http://www.landraco.com
开　　本	787mm × 960mm　1/16		http://www.landraco.com.cn
印　　张	10.25	版　　次	2015 年 8 月第 1 版
字　　数	190 千字	印　　次	2019 年 12 月第 6 次印刷
购书热线	010-58581118	定　　价	18.00 元

○ 前　　言

　　根据《教育部　财政部关于"十二五"期间实施"高等学校本科教学质量与教学改革工程"的意见》（教高〔2011〕6 号）关于引导高等学校建立适合本校特色的教师教学发展中心，开展有关基础课程、教材、教学方法、教学评价等教学改革热点与难点问题研究的精神，我们组织编写了本实验教材，以配合"数据库应用技术（Access 2010）"课程学习与上机操作。

　　本书内容主要分为七个单元。前六个单元提供了与"数据库技术及应用（Access 2010）"课程教学内容相配套的六类实验项目及相应的操作步骤；最后一个单元提供了综合自测题，包括表操作题、查询操作题和综合应用题。此外，附录部分还提供了全国计算机等级考试二级（Access 数据库程序设计）公共基础知识部分模拟试题。本书所使用的实验素材可以从中国高校计算机课程网（http://computer.cncourse.com）上下载。这些实验内容丰富、覆盖面广，有利于学生巩固所学的知识，提高计算机应用能力。

　　本书的编写人员都是多年从事高等学校计算机基础课程教学的优秀教师，具有丰富的理论知识和教学经验。本书由车念和鲁小丫任主编，梅林、黄培、李贵兵和杨林任副主编。

　　本书在写作的过程当中，得到了很多人士的帮助。西南民族大学唐向阳老师在百忙中审阅了本书，西南民族大学的谢川、吴兵、石磊、黄闻英、李勃睿和四川大学锦江学院的易勇、丁莎、姚红、刘春甫、周小蓉、胡彬、石定坤、刘诚、孔令寅、刘国芳、赵士元，四川信息职业技术学院张俊晖等老师在本书写作过程中提供了宝贵的建议和帮助，在此表示感谢。本书在编写过程中借鉴了不少文献，在此对列入参考文献清单的作者表示感谢。

　　教学工作是本书写作的基础。在教学过程中，学校对本课程建设的支持以及近万名本科生对本课程的学习和反馈也为本书的写作提供了帮助，在此表示感谢。

　　限于编者的水平，难免有错误与不妥之处，衷心希望读者指正赐教，作者的电子邮箱为 lu_xiaoya@163.com。

编　者

2015 年 6 月

○ 目　　录

单元一　表的创建与维护

单元二　查询的创建与使用

单元三　窗　体

单元五　宏的基本操作

单元六 模块与 VBA 程序设计

单元七 综合自测题

单元一
表的创建与维护

实验 1 创建表对象

一、实验任务

在文件夹中存放有一个名为"图书管理"的空数据库（文件名为图书管理.accdb），以及"图书管理"数据库所需要的 Excel 数据源文件，包括图书信息.xlsx、图书类型.xlsx、图书馆藏信息.xlsx、图书借阅.xlsx、管理员信息.xlsx、读者信息.xlsx、读者类型.xlsx 和读者罚款记录.xlsx。[①]

其中，"图书类型"表的内容如表 1-1 所示。

表 1-1 "图书类型"表内容

图书类型号	图书类型	超期罚款单价/元
1	计算机类	0.30
2	音乐类	0.20
3	文科类	0.25
4	理工类	0.27

（1）利用已有数据，创建"图书管理"数据库中的数据表。

（2）将"读者信息"表的"政治面貌"字段类型修改为查阅向导（自行键入所需的值）。

（3）文件夹中存放有刘海艳的照片文件"刘海艳照片.jpg"，向"读者信息"表中添加刘海艳的照片数据和电子邮箱信息：liuhaiyan@163.com。

"图书管理"数据库各数据表的表结构设计如表 1-2~表 1-9 所示。

表 1-2 "图书信息"表结构

字段名称	数据类型	字段大小	是否主键
图书编号	文本	5	主键
书名	文本	10	
作者	文本	5	
出版社	文本	10	
出版日期	日期/时间		
藏书量	数字	整型	
图书类型号	文本	2	

---

① 本书所使用的实验素材可从 http://computer.cncourse.com 上下载。

表 1-3　"图书类型"表结构

字段名称	数据类型	字段大小	是否主键
图书类型号	文本	2	主键
图书类型	文本	10	
超期罚款单价	货币	10	

表 1-4　"图书馆藏信息"表结构

字段名称	数据类型	字段大小	是否主键
图书编号	文本	5	主键
在馆数量	数字	整型	
状态	文本	4	

表 1-5　"图书借阅"表结构

字段名称	数据类型	字段大小	是否主键
读者号	文本	12	主键
图书编号	文本	5	主键
借阅日期	日期/时间		
还书日期	日期/时间		
借阅天数*	计算	双精度型	
应还日期	日期/时间		
续借次数	数字	整型	

*：借阅天数的计算表达式为：［还书日期］-［借阅日期］。

表 1-6　"管理员信息"表结构

字段名称	数据类型	字段大小	是否主键
编号	文本	7	主键
姓名	文本	10	
性别	文本	1	
密码	文本	3	

表 1-7　"读者信息"表结构

字段名称	数据类型	字段大小	是否主键
读者号	文本	12	主键
姓名	文本	10	

续表

字段名称	数据类型	字段大小	是否主键
性别	文本	1	
民族	文本	5	
政治面貌	文本	6	
出生日期	日期/时间		
所属院系	文本	6	
读者类型号	文本	1	
欠款	货币		
电子邮箱	超链接		
简历	备注		
照片	OLE 对象		
备注	备注		

表 1-8 "读者类型"表结构

字段名称	数据类型	字段大小	是否主键
读者类型号	文本	1	主键
类型名称	文本	5	
可借图书数量	数字	整型	
可借天数	数字	整型	

表 1-9 "读者罚款记录"表结构

字段名称	数据类型	字段大小	是否主键
读者号	文本	12	主键
罚款金额	货币		
罚款日期	日期/时间		

二、问题分析

Access 数据库中的表对象包括表结构和表内容两方面。本实验的主要目的是利用导入外部共享数据的方式迅速建立"图书管理"数据库中所需要的表对象。从数据库外部导入数据表后，需要对照相应表对象的表结构设计和修改表结构。本实验的操作要点是掌握设置单字段主键或多字段主键的方法；掌握创建"查阅向导"字段及建立多值字段的方法；掌握向数据表中输入数据，特别是 OLE 对象、超链接、附件类型数据的方法。

三、操作步骤

1. 利用 Access 外部数据导入功能导入各数据表

（1）打开"图书管理"数据库，在"外部数据"选项卡的"导入并链接"选项组中，单击"Excel"按钮，弹出"获取外部数据-Excel 电子表格"对话框。单击"浏览"按钮，在打开的"打开"对话框中，选择需导入的数据源文件图书信息.xlsx，单击"打开"按钮，返回"获取外部数据-Excel 电子表格"对话框，如图 1-1 所示。

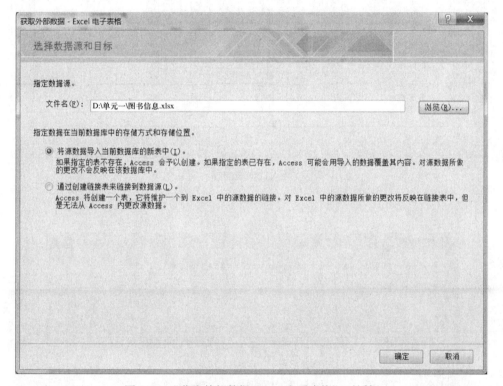

图 1-1 "获取外部数据-Excel 电子表格"对话框

（2）单击"确定"按钮，弹出"导入数据表向导"对话框 1，如图 1-2 所示。

（3）单击"下一步"按钮，弹出"导入数据表向导"对话框 2，确认选中"第一行包含列标题"复选框，如图 1-3 所示。

（4）单击"下一步"按钮，弹出"导入数据表向导"对话框 3，如图 1-4 所示。

（5）单击"下一步"按钮，弹出"导入数据表向导"对话框 4，选中"我自己选择主键"单选按钮，设置"图书编号"字段为主键，如图 1-5 所示。

（6）单击"下一步"按钮，弹出"导入数据表向导"对话框 5，输入导入表的名称"图书信息"，如图 1-6 所示。单击"完成"按钮，完成导入表操作。

用同样的方法，完成"图书管理"数据库中其他数据库的导入操作。

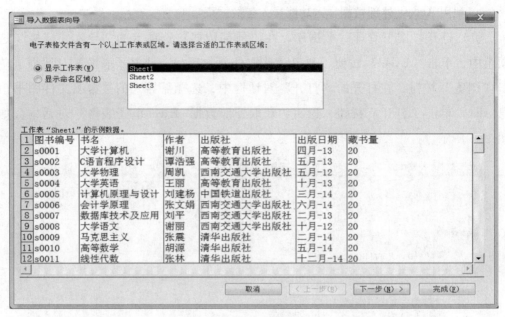

图1-2 "导入数据表向导"对话框1

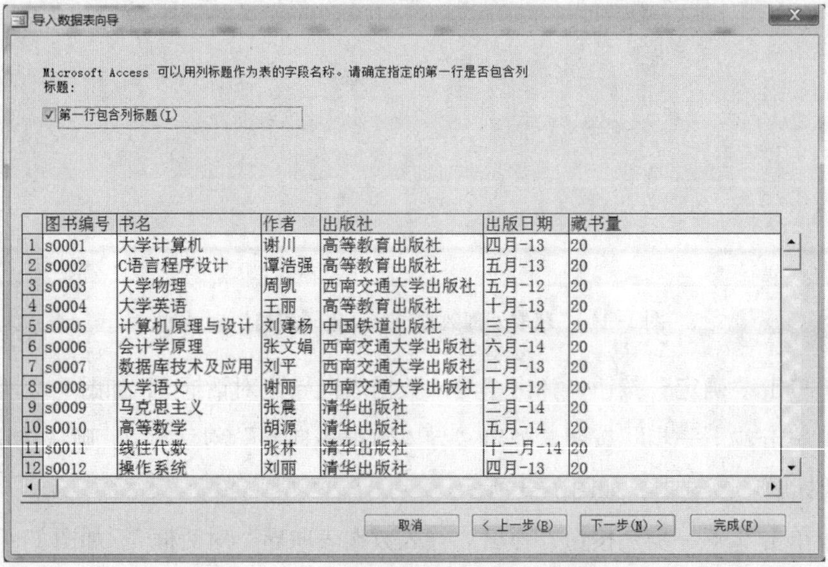

图1-3 "导入数据表向导"对话框2

图 1-4 "导入数据表向导"对话框 3

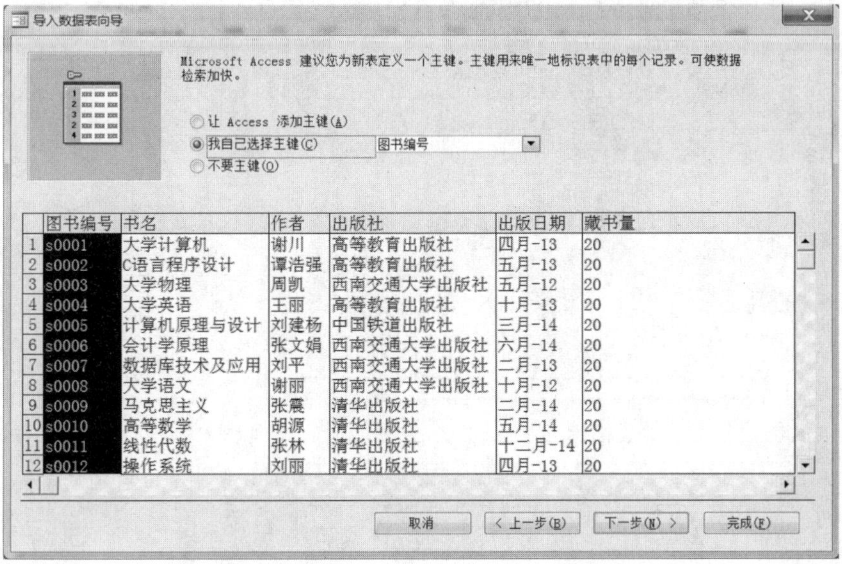

图 1-5 "导入数据表向导"对话框 4

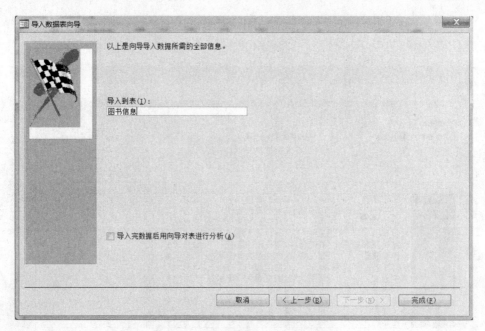

图 1-6 "导入数据向导"对话框 5

2. 打开各表的表设计视图，修改表结构

（1）在"图书管理"数据库对象导航窗格中，右键单击"图书信息"表对象，在弹出的快捷菜单中选择"设计视图"命令，打开"图书信息"表设计视图，对照表 1-2 所示的"图书信息"表结构设计信息，检查并修改表结构。添加导入的数据表中缺少的"图书类型号"字段，如图 1-7 所示。

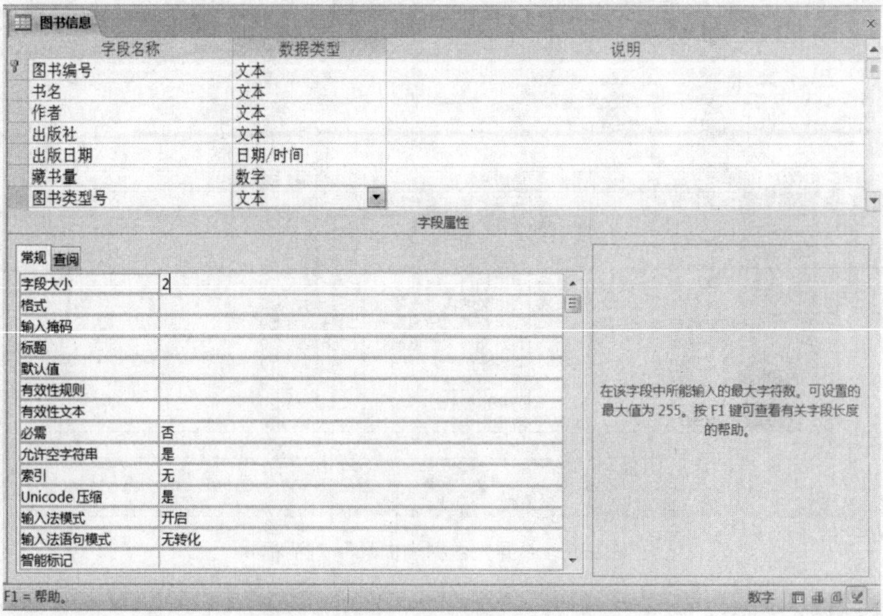

图 1-7 "图书信息"表设计视图

（2）单击快速访问工具栏上的"保存"按钮，在弹出的问询对话框上选择"是"，完成表结构的修改。

（3）单击表格工具"设计"选项卡"视图"选项组中的"视图"按钮，打开"图书信息"表的数据表视图，参照表1-1所示的"图书类型"表的内容，输入每条记录"图书类型号"字段的值，如图1-8所示。

图书信息							单击以添加
图书编号	书名	作者	出版社	出版日期	藏书量	图书类型号	
s0001	大学计算机	谢川	高等教育出版	Apr-13	20	1	
s0002	C语言程序设计	谭浩强	高等教育出版	May-13	20	1	
s0003	大学物理	周凯	西南交通大学	May-12	20	4	
s0004	大学英语	王丽	高等教育出版	Oct-13	20	3	
s0005	计算机原理与	刘建杨	中国铁道出版	Mar-14	20	1	
s0006	会计学原理	张文娟	西南交通大学	Jun-14	20	3	
s0007	数据库技术及	刘平	西南交通大学	Feb-13	20	1	
s0008	大学语文	谢丽	西南交通大学	Oct-12	20	3	
s0009	马克思主义	张震	清华出版社	Feb-14	20	3	
s0010	高等数学	胡源	清华出版社	May-14	20	4	
s0011	线性代数	张林	清华出版社	Dec-14	20	4	
s0012	操作系统	刘丽	清华出版社	Apr-13	20	1	
s0013	数据结构	李娟	清华出版社	Oct-13	20	1	
s0014	软件工程	谢星海	高等教育出版	Jul-13	20	1	
s0015	统计学原理	叶川	高等教育出版	Feb-14	20	4	
s0016	音乐赏析	刘永乐	高等教育出版	Jul-14	20	2	
s0017	计算机网络	周一	高等教育出版	May-13	20	1	
s0018	计算机图形学	张扬	中国铁道出版	Aug-13	20	1	
s0019	Flash动画制作	李路	中国铁道出版	Feb-14	20	1	
s0020	3D Max应用	李辉	中国铁道出版	Oct-14	20	1	

图1-8　"图书信息"表的数据表视图——添加"图书类型号"字段值

（4）单击快速访问工具栏上的"保存"按钮，完成表内容的添加，之后关闭"图书信息"表。

（5）重复步骤（1）～（3），创建"图书管理"数据库中其他的表对象。

3. 向"图书类型"表中添加表内容

（1）在"导入数据表向导"中只能设置单字段主键，不能设置多字段主键。而"图书借阅"表中每个字段下都有重复值，无法设置单字段主键，故在利用"导入数据表向导"创建"图书借阅"表的过程中，可以选择"让Access添加主键"或选择"不要主键"，留待导入完成后打开表设计视图时设置多字段主键。例如，选择"不要主键"。在数据表导入完成后，打开"图书借阅"表的设计视图，单击"读者号"字段名称前的字段选择器，再在按住Ctrl键的同时单击"图书编号"字段选择器，可以同时选中2个字段。然后，单击表格工具"设计"选项卡"工具"选项组中的"主键"按钮，完成多字段主键设置，如图1-9所示。

（2）如果导入数据表后生成的"读者信息"表和"管理员信息"表中有空记录存在，则会导致无法完成主键设置。这时需要打开表的数据表视图，选中并删除空记录，保存后再回到表设计视图中设置主键。

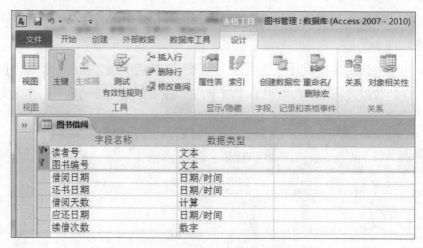

图 1-9 "图书借阅"表多字段主键设置

（3）计算类型的字段只能通过添加新字段的方式添加。例如，要将"图书借阅"表的"借阅天数"字段设计为计算字段，而 Access 在导入数据表的过程中已将该字段默认并保存为文本类型，不能直接修改。故需要先在表设计视图中选中"借阅天数"字段，在表格工具"设计"选项卡"工具"选项组中单击"删除行"按钮删除该字段，再单击"插入行"按钮后，输入"借阅天数"字段名称，选择"计算"数据类型，在自动弹出的"表达式生成器"对话框中输入计算表达式：［还书日期］－［借阅日期］，如图 1-10 所示。

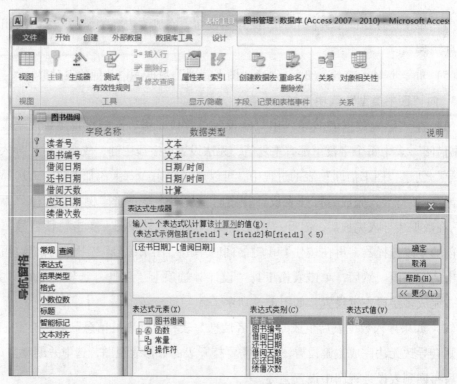

图 1-10 "借阅天数"计算表达式设置

（4）单击"确定"按钮后可以在字段属性区的"表达式"输入框中查看输入的计算表达式；在"表达式"输入框的右侧有个⋯按钮，单击它亦可弹出"表达式生成器"对话框。单击快速访问工具栏上的"保存"按钮保存表。

（5）图书类型.xlsx 和读者罚款记录.xlsx 中只有标题行，没有数据，故只能导入表结构。"图书类型"表的内容，可以参照表 1-1 在数据表视图中手动输入。记录输入完成后保存表，并关闭表。

4. 修改"政治面貌"字段的类型为查阅向导

（1）在"图书管理"数据库中打开"读者信息"表的设计视图，在"政治面貌"字段的数据类型选择列表中选择"查阅向导"，弹出"查阅向导"对话框 1，选择"自行键入所需的值"，如图 1-11 所示。

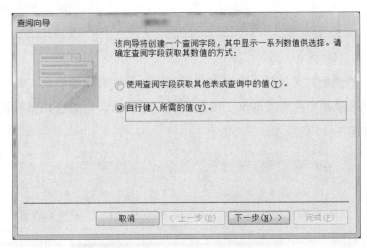

图 1-11　"查阅向导"对话框 1

（2）单击"下一步"按钮进入"查阅向导"对话框 2，在该对话框中的表格"第 1 列"中依次输入"政治面貌"字段取值范围内的所有值，如图 1-12 所示。

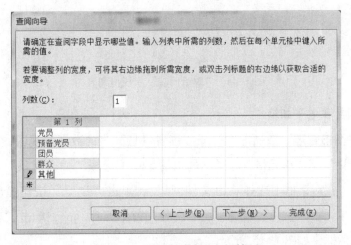

图 1-12　"查阅向导"对话框 2

（3）单击"下一步"按钮进入"查阅向导"对话框 3，选中"限于列表"复选框，单击"完成"按钮，如图 1-13 所示。

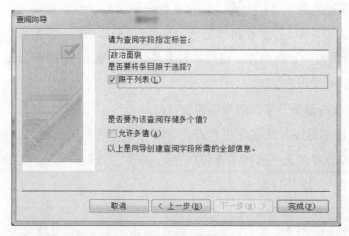

图 1-13 查阅向导对话框 3

（4）单击快速访问工具栏上的"保存"按钮，保存对表的修改。此后在"读者信息"表的数据表视图中输入或修改"政治面貌"字段值，可通过用鼠标在值列表中选择来进行，如图 1-14 所示。

读者号	姓名	性别	民族	政治面貌	出生日期
201130505034	完德开	女	汉族	预备党员	1996/12/19
201130505036	罗绒吉村	男	汉族	团员	1996/11/26
201130505037	杨秀才让	男	回族	团员	1995/9/10
201330103003	高杨	女	回族	党员	1997/11/6
201330103004	梁冰冰	女	回族	预备党员	1995/11/7
201330103005	蒙铜	男	蒙古族	团员	1995/11/8
201330103006	韦凤宇	女	回族	群众	1995/3/1
201330103007	刘海艳	女	汉族	其他	1995/3/2
201330103008	韦蕾蕾	男	汉族	群众	1995/3/3
201330103009	梁淑芳	女	汉族	其他	1994/11/12
201330402001	韩菁	女	蒙古族	团员	1996/1/30
201330402002	颜珍玮	女	壮族	群众	1996/7/9
201330402005	陈佳莹	女	汉族	团员	1994/12/3
201330402007	韦莉	女	白族	团员	1995/2/5
201330402008	陆婷婷	男	彝族	团员	1994/8/24
201330402009	陈建芳	女	畲族	团员	1995/9/3
201330402010	李莹月	男	回族	团员	1996/1/10

图 1-14 "政治面貌"字段值列表

5. 添加照片和电子邮箱

（1）在"图书管理"数据库中打开"读者信息"表的数据表视图，右键单击刘海艳记录的"照片"字段单元格，在弹出的快捷菜单中选择"插入对象"命令，弹出对象选择对话框，在对话框中选择"由文件创建"，单击"浏览"按钮弹出"浏览"对话框，前往"单元一"文件夹，选中照片文件刘海艳照片. jpg，单击"确定"按钮返回对象选择对话框，如图 1-15 所示。

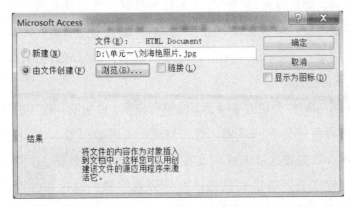

图 1-15 对象选择对话框

（2）再单击"确定"按钮完成刘海艳照片文件的嵌入。双击刘海艳记录的"照片"字段单元格，可通过默认的图片浏览软件查看照片。

（3）右键单击刘海艳记录的"电子邮件"字段单元格，在弹出的快捷菜单中选择"超链接"命令，在弹出的下一级菜单中单击"编辑超链接"命令，弹出"插入超链接"对话框，选择"链接到：电子邮件地址"，在"要显示的文字"文本框中输入想要在数据表视图中显示的内容，如"刘海艳"，在"电子邮件地址："文本框中输入"liuhaiyan@163.com"，如图 1-16 所示，单击"确定"按钮。单击快速访问工具栏上的"保存"按钮保存表。

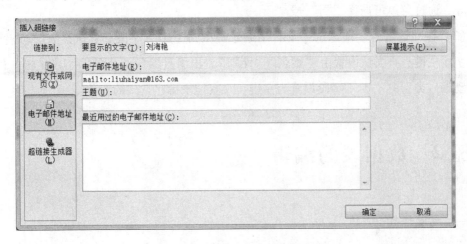

图 1-16 "插入超链接"对话框

四、知识拓展

（1）表设计视图是创建和修改表结构最方便、最灵活的工具。数据表视图主要用于手动输入、编辑和维护表内容，也可用于创建表。通过数据表视图创建表时，系统会弹出默认表名称为"表 1"的数据表视图，并自动添加一个名为"ID"的自动编号类型字段。每个数据表只能有一个自动编号类型字段。若不需要这个系统自动添加的自动编号类型字段，则可以通过更改字段名称和数据类型将其改换为其他字段。这个自动编号类型字段的特点是随着表中记录的添加，编号值由小到大自动递增生成并与相应的记录永久绑定。任何时候如果一条记录被删除，则与该条记录对应的编号值在"ID"字段中就不再存在。

（2）OLE 对象和附件类型的字段是不能进行排序、分组的，也不能建立索引。

（3）可以将各种符合 Access 输入输出格式的外部数据导入 Access 数据库。

用户可以导入数据建立新表或向已有的表中追加记录数据。共享外部数据的另一种方式是创建链接表，链接表只是保存外部数据源的链接路径而不是将外部数据源导入 Access 数据库。通过链接表，可以在 Access 数据库中查看外部数据源的数据但不能修改数据；当外部数据源的数据被修改时，链接表能够反映外部数据源中数据的变化。

五、课后练习

（1）新建一个名为"课后练习"的空数据库（文件名为课后练习 . accdb）；将"图书管理"数据库中的"读者信息"表导入"课后练习"数据库。

（2）在"课后练习"数据库中，将"读者信息"表的"性别"字段类型更改为查阅向导，通过菜单可选择"男"或"女"。

（3）在"读者号"前添加一个自动编号类型的"ID"字段。尝试设置"读者号"为单字段主键；再尝试设置由"姓名""性别""出生日期"组成的多字段主键；最后将自动编号类型的"ID"字段设置为主键，观察记录排序方式的变化。

实验 2 数据表的编辑

一、实验任务

在文件夹中存放有"图书管理"数据库（文件名为图书管理 . accdb，由实验 1 创建），要求完成下列操作。

（1）表的复制和重命名。为"读者信息"表建立一个副本"读者信息备份"表；将"图书借阅"表的名称更改为"图书借阅信息"。

（2）查找与替换。将"读者信息"表"简历"字段中的"运动"全部替换为"体育运动"。

（3）隐藏字段列。将"读者信息"表中的"民族"字段列隐藏起来，然后再显示出来。

（4）冻结字段列。冻结"读者信息"表中的"姓名"字段列，然后再取消冻结字段列。

（5）移动字段列。将"读者信息"表中的"民族"字段列移动到"政治面貌"字段列后。

（6）行高与列宽。设定"读者信息"表的行高为 18 磅；设定"姓名"字段的列宽为 10 磅。

（7）数据表的字体。设定"读者信息"表的字体为楷体、加粗、深蓝色。

（8）数据表格式。设置"单元格效果"为"平面"，设置"背景色"为标准色"褐色 2"，设置"替代背景色"为标准色"白色"，设置"网格线颜色"为"红色"。

二、问题分析

备份数据表既可以使用系统"文件"选项卡中的"对象另存为"命令，也可以在表对象导航窗格中使用复制和粘贴命令。使用复制和粘贴命令时需要注意"粘贴表方式"对话框中各粘贴选项的作用并进行相应的选择。在查找操作中可以通过填写准确的信息进行精确查找，也可以运用通配符进行模糊查找。本实验的其他操作属于调整表外观、改变表的显现方式的操作。注意，调整表外观的相应操作完成后必须保存表才能将操作结果保存到数据表中。

三、操作步骤

（1）打开"图书管理"数据库，在表对象导航窗格中右键单击"读者信息"表对象，在弹出的快捷菜单中选择"复制"命令；再在表对象导航窗格中的任意处右键单击，在弹出的快捷菜单中选择"粘贴"命令，屏幕上会显示"粘贴表方式"对话框。将"表名称"文本框中的内容修改为"读者信息备份"，在"粘贴选项"中选择"结构和数据"，如图1-17 所示。单击"确定"按钮，表对象导航窗格中会增加"读者信息备份"表。

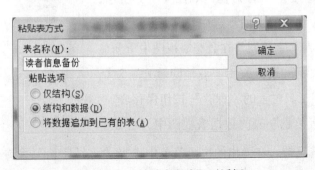

图 1-17　"粘贴表方式"对话框

注意，在"粘贴表方式"对话框中，在"粘贴选项"中如果选择"仅结构"，则仅备份"读者信息"表的表结构；如果选择"将数据追加到已有的表"，则需要在"表名称"文本框中输入一个已有的表名称，该表的表结构必须与"读者信息"表的表结构相同。

在"图书管理"数据库表对象导航窗格中右键单击"图书借阅"表对象，在弹出的快捷菜单中选择"重命名"命令，将"图书借阅"更改为"图书借阅信息"。单击快速访问工具栏上的"保存"按钮保存相关操作结果。

（2）打开"读者信息"表的数据表视图，单击"简历"字段选定器选中该字段。在"开始"选项卡"查找"选项组中单击"查找"按钮，弹出"查找和替换"对话框。单击"替换"选项卡，在"查找内容"文本框中输入"运动"，在"替换为"文本框中输入"体育运动"，将"查找范围"设置为"当前字段"，将"匹配"方式设置为"字段任何部分"，如图 1-18 所示。单击"全部替换"按钮，然后单击快速访问工具栏上的"保存"按钮保存表。

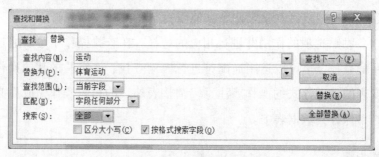

图 1-18 "查找和替换"对话框

（3）在"读者信息"表的数据表视图中，右键单击"民族"字段选定器，在弹出的快捷菜单中选择"隐藏字段"命令，"民族"字段列在"读者信息"表的数据表视图中将被隐藏。右键单击"读者信息"表的数据表视图中任一字段的选定器，在弹出的快捷菜单中选择"取消隐藏字段"，屏幕上会显示"取消隐藏列"对话框，如图 1-19 所示，未被选中的字段为隐藏的字段。选中"民族"字段名前的复选框，"民族"字段列将在数据表视图中重新显现出来。单击"关闭"按钮关闭"取消隐藏列"对话框，单击快速访问工具栏上的"保存"按钮保存表。

图 1-19 字段的隐藏与显现

（4）在"读者信息"表的数据表视图中，右键单击"姓名"字段选定器，在弹出的快捷菜单中选择"冻结字段"命令，"姓名"字段列在"读者信息"表的数据表视图中将被固定显示于数据表视图的最左侧而不受水平滚动条的影响。右键单击"读者信息"数据表视图中任一字段的选定器，在弹出的快捷菜单中选择"取消冻结所有字段"，即可取消已被冻结字段列的冻结状态。

（5）在"读者信息"表的数据表视图中，单击"民族"字段选定器后，再按住鼠标左键将其拖到"政治面貌"字段的后方，松开鼠标左键即可。单击快速访问工具栏上的"保存"按钮保存表。

（6）在"读者信息"表的数据表视图中，右键单击任一条记录左侧的记录选择器，在快捷菜单中选择"行高"命令，弹出"行高"对话框，输入行高值为18，如图1-20所示，单击"确定"按钮。右键单击"姓名"字段选定器，在快捷菜单中选择"字段宽度"命令，弹出"列宽"对话框，输入列宽值为10，如图1-21所示，单击"确定"按钮。单击快速访问工具栏上的"保存"按钮保存表。

图1-20　输入行高值

图1-21　输入列宽值

（7）打开"读者信息"表数据表视图，单击"开始"选项卡，在"文本格式"选项组中设置"读者信息"表字体为楷体、加粗、深蓝色。单击快速访问工具栏上的"保存"按钮保存表。

（8）在"读者信息"表的数据表视图中，单击"开始"选项卡，单击"文本格式"选项组右下角的按钮弹出"设置数据表格式"对话框，如图1-22所示，设置"单元格效果"为"平面"，设置"背景色"为标准色"褐色2"，设置"替代背景色"为标准色"白色"，设置"网格线颜色"为"红色"，单击"确定"按钮。单击快速访问工具栏上的"保存"按钮保存表。

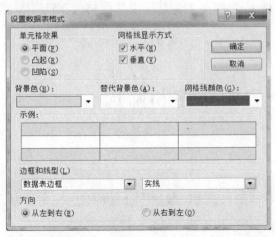

图1-22　"设置数据表格式"对话框

四、知识拓展

在"查找和替换"对话框的"查找内容"中可以使用通配符来代替不确定的字符。

表 1-10　通配符的用法

字符	用法	示例
*	与任意个数的字符匹配	w＊t 可以找到 what、wait、wet 和 wrist 等
?	与任何单个的字符匹配	B? ll 可以找到 ball、bell 和 bill 等
[ ]	与方括号内的任何单个字符匹配	B[ae]ll 可以找到 ball 和 bell，但找不到 bill
!	匹配任何不在括号内的字符	b[! ae]ll 可以找到 bill 和 bull，但找不到 bell
-	与指定范围内的任何一个字符匹配；必须以升序来指定范围（A 到 Z，而不是 Z 到 A）	b[a-c]d 可以找到 bad、bbd 和 bcd
#	与任何单个数字字符匹配	1#3 可以找到 103、113、123 等

五、课后练习

打开"课后练习"数据库（由实验 1 课后练习创建），隐藏"读者信息"表中的"民族"字段和"政治面貌"字段；将"读者号"字段列移动到"姓名"字段列右侧。设置"读者信息"表行高 16 磅；设置"姓名"字段列列宽为"最佳匹配"。设置"读者信息"表的字体为黑体、12 磅、深蓝色；查找姓名为 3 个字且中间为"小"字的读者，并将"小"字替换为"晓"；设置数据表"网格线颜色"为"红色"，"列标题下划线"为"点划线"。

实验 3　数据表的排序和筛选

一、实验任务

在文件夹中存放有"图书管理"数据库（文件名为图书管理 .accdb，由实验 2 创建），要求对数据表进行排序和筛选，具体操作要求如下。

（1）在"读者信息"表中，按"性别"和"姓名"两个字段升序排序。

（2）在"读者信息"表中，先按"性别"字段升序排序，再按"出生日期"字段降序排序。

（3）使用筛选器从"读者信息"表中筛选出姓张的读者。

（4）按选定内容的方式从"读者信息"表中筛选出属于"管理学院"的读者记录。

（5）按窗体筛选的方式从"读者信息"表中筛选出性别为"男"，民族为"藏族"的读者记录。

（6）使用高级筛选的方式筛选出性别为"女"，出生日期为 1996 年以后（包括1996 年）的读者记录。

二、问题分析

排序操作需要理解和掌握不同数据类型字段值大小的比较方法。若多个字段以统一的排序方式（同时升序或降序）进行排序，则可以使用简单排序功能，但字段列必须相邻，如果字段列不相邻则要将它们调整到相邻。若对多字段以不同的排序方式进行排序，则必须使用高级排序功能，字段列不必相邻。需要注意的是，不能对数据类型为备注、超链接、OLE 对象、附件的字段进行排序。筛选是将符合筛选条件的记录显现出来，共有四种筛选方法。其中，高级筛选一般需要运用通配符、表达式等自定义筛选条件。注意，排序和筛选的相关操作完成后必须保存表才能将操作结果保存到数据表中。

三、操作步骤

（1）在"读者信息"表的数据表视图中，首先将"姓名"字段移动到"性别"字段右侧，先选中"性别"字段，再按住 Shift 键单击"姓名"字段选定器选择"性别"字段和"姓名"字段两列，在"开始"选项卡"排序和筛选"选项组中，单击"升序"按钮，完成按"性别"和"姓名"两个字段的升序排序，如图 1-23 所示。

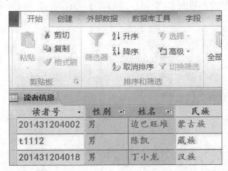

图 1-23　简单排序操作

（2）在"开始"选项卡"排序和筛选"选项组中，单击"高级"按钮，在下拉列表中选择"高级筛选/排序"命令，出现"读者信息筛选 1"窗口，在其设计网格"字段"行的第一列中选择"性别"字段，排序方式选择"升序"，第 2 列选择"出生日期"字段，排序方式选择"降序"，结果如图 1-24 所示。单击"开始"选项卡"排序和筛选"选项组中的"切换筛选"按钮观察排序结果。

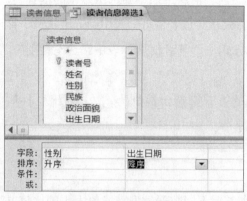

图 1-24　高级排序操作

（3）将光标定位于"姓名"字段列的任一单元格内，然后右键单击，在弹出的快捷菜单中选择"文本筛选器"命令，在弹出的下一级菜单中选"开头是"命令，屏幕上显示"自定义筛选"对话框，输入"张"，如图 1-25 所示，单击"确定"按钮，得到筛选结果。

图 1-25　使用筛选器筛选

（4）单击"开始"选项卡"排序和筛选"选项组中的"切换筛选"按钮，将"读者信息"表的数据表视图切换回未筛选状态。在"所属院系"字段值中选中"管理学院"字样，再单击"开始"选项卡"排序和筛选"选项组中的"选择"按钮，在出现的下拉列表中选择"等于"管理学院""，如图 1-26 所示，即可获得筛选结果。

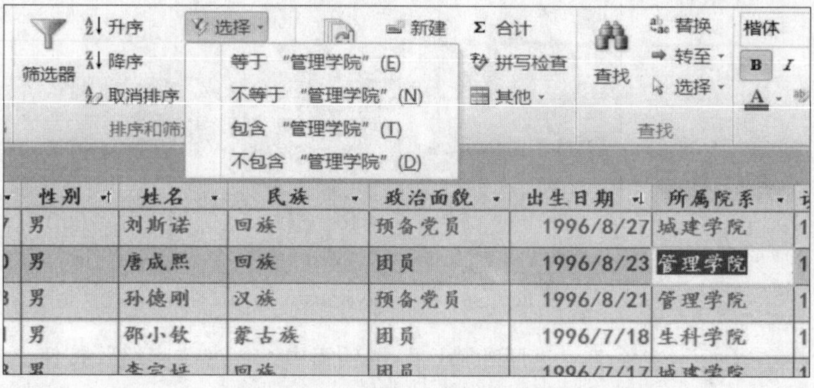

图 1-26　按选定内容筛选

　　（5）单击"开始"选项卡"排序和筛选"选项组中的"切换筛选"按钮，将"读者信息"表的数据表视图切换回未筛选状态。单击"开始"选项卡"排序和筛选"选项组中的"高级"按钮，在出现的下拉列表中选择"按窗体筛选"，出现"读者信息：按窗体筛选"窗口，在其中的"性别"和"民族"字段名下的单元格中分别通过下拉列表选择"男"和""藏族""，如图 1-27 所示。单击"切换筛选"按钮查看筛选结果。

图 1-27　按窗体筛选

　　（6）单击"开始"选项卡"排序和筛选"选项组中的"切换筛选"按钮，将"读者信息"表的数据表视图切换回未筛选状态。单击"开始"选项卡"排序和筛选"选项组中的"高级"按钮，在出现的下拉列表中选择"高级筛选/排序"命令，出现"读者信息筛选 1"窗口，清除其设计网格内的其他设置，第一列字段名选择"性别"，条件单元格输入""女""，第二列字段名选择"出生日期"，条件单元格输入"Year（［出生日期］）>=1996"，如图 1-28 所示。单击"切换筛选"按钮查看筛选结果。

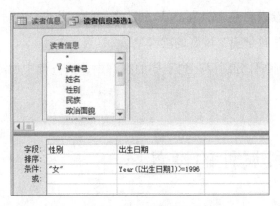

图 1-28　高级筛选

四、知识拓展

　　当筛选操作完成后保存数据表时，最近这一次设置的筛选条件将随同数据表保存到数据库中。以后再打开数据表时，依然可以通过单击"开始"选项卡"排序和筛选"选项组中的"切换筛选"按钮用被保存的筛选条件实现数据表的筛选。若有多次的筛选条件需要重复利用，则可以将每次的筛选条件保存成不同的查询，然后再在高级筛选中通过从查询中加载的方式加载所需要的筛选条件来实现对数据表的筛选。

　　以本实验中的"读者信息"表为例，具体操作方式为：首先在高级筛选窗口"读者信息筛选1"中设置筛选条件；在当前窗口为"读者信息筛选1"时再次单击"开始"选项卡"排序和筛选"选项组中的"高级"按钮，在弹出的下拉菜单中选择"另存为查询"命令，弹出"另存为查询"对话框，输入一个查询名称，单击"确定"按钮即可将筛选条件保存到查询中。重复前述操作，即可将若干次不同的筛选条件保存到若干个不同的查询中。需要应用筛选时，首先打开高级筛选窗口"读者信息筛选1"，再次单击"开始"选项卡"排序和筛选"选项组中的"高级"按钮，在弹出的下拉菜单中选择"从查询中加载"命令，从弹出的"适用的筛选"对话框中选择所需要的查询名称，单击"确定"按钮即可将相应的筛选条件加载到高级筛选窗口中。

　　五、课后练习

　　打开"课后练习"数据库（由实验2课后练习创建），对"读者信息"表完成如下筛选操作。

　　（1）筛选出"政治面貌"为"党员"的读者记录并按"所属院系"升序进行排序。

　　（2）筛选出"读者类型号"为"1"的读者记录。

　　（3）筛选出"生科学院"姓张的读者记录。

　　将以上三种筛选条件分别保存到不同的查询中，从查询中加载筛选条件实现对数据表的筛选。

实验4　字段属性的设置

　　一、实验任务

　　在文件夹中存放有"图书管理"数据库（文件名为图书管理.accdb，由实验3创建），要求完成如下操作。

　　（1）将"读者信息"表的"读者号"字段的标题设置为"读者编号"；将"性

别"字段的默认值设为"男",取值内容只能为"男"或"女",如果输入其他字符则提示"性别只能是男或女";索引设置为"有(有重复)";将"出生日期"字段的"格式"设置为"短日期"。

(2)将"图书借阅信息"表的"借阅日期"格式设置为"长日期",默认值设为当前系统日期。

(3)限定"管理员信息"表的"编号"字段只能且必须输入 7 位数字;将"密码"字段的输入掩码属性设置为"密码"。

(4)在"图书信息"表中建立组合索引,索引名称为"书名-作者组合索引",包含两个字段:"书名"(升序)和"作者"(降序)。

二、问题分析

本实验是实验 1 中表结构设计部分的延续,要求掌握各字段属性的设置方法。"读者信息"表的"性别"字段的取值内容由"性别"字段的有效性规则属性限定,关键是正确书写表达式;当前系统日期由"日期/时间"类的函数所构建的表达式取得。"管理员信息"表的"编号"字段需要运用掩码字符设置该字段的输入掩码属性。

三、操作步骤

(1)打开图书管理.accdb,在表对象导航窗格中右键单击"读者信息"表对象,在弹出的快捷菜单中选择"设计视图"命令,选中"读者号"字段行,在"标题"属性框中输入"读者编号",如图 1-29 所示。

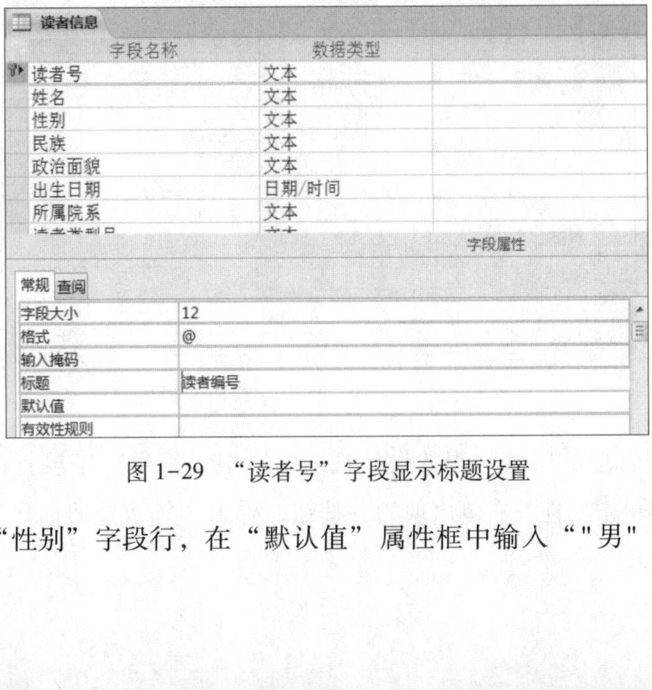

图 1-29　"读者号"字段显示标题设置

(2)选中"性别"字段行,在"默认值"属性框中输入""男"";在"有效性规则"属性框中输入""男" Or "女" "；在"有效性文本"属性框中输入"性别只能是男或女"；在"索引"属性框的下拉列表中选择"有（有重复）"，如图1-30所示。

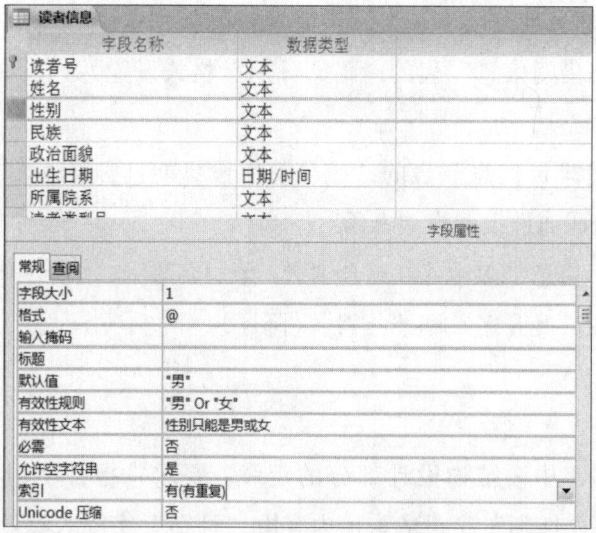

图1-30　"性别"字段属性设置

选中"出生日期"字段行，在"格式"属性框下拉列表中选择"短日期"。单击快速访问工具栏上的"保存"按钮保存表，然后关闭"读者信息"表。

（3）打开"图书借阅信息"表的设计视图，选中"借阅日期"字段行，在"格式"属性框的下拉列表中选择"长日期"；在"默认值"属性框中输入表达式"Date（）"，如图1-31所示。单击快速访问工具栏上的"保存"按钮保存表，然后关闭"图书借阅信息"表。

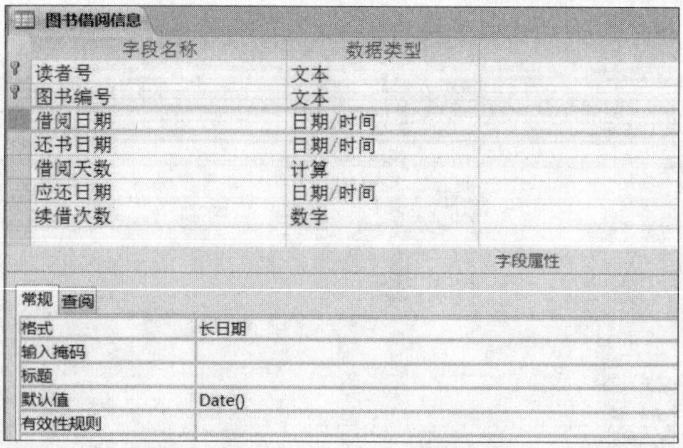

图1-31　"借阅日期"字段属性设置

（4）打开"管理员信息"表的设计视图，选中"编号"字段行，单击"输入掩码"属性框，再单击属性框右侧出现的■按钮，弹出"输入掩码向导"对话框，如图1-32所示。

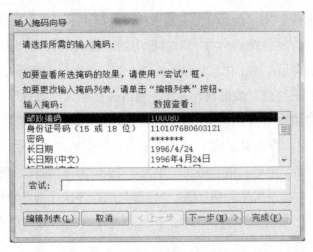

图 1-32 "输入掩码向导"对话框

（5）单击"编辑列表"按钮，弹出"自定义"输入掩码向导""对话框，将"说明"文本框中的"邮政编码"更改为"管理员编号"，将"输入掩码"文本框中的内容更改为"0000000"，将"示例数据"文本框中的内容更改为"0123456"，如图 1-33 所示。

图 1-33 自定义"输入掩码向导"

（6）单击"关闭"按钮返回"输入掩码向导"对话框，直接单击"完成"按钮完成输入掩码属性设置，如图 1-34 所示。

字段名称	数据类型
编号	文本
姓名	文本
性别	文本
密码	文本

字段属性

常规 查阅

字段大小	7
格式	@
输入掩码	0000000;;
标题	

图 1-34 "编号"字段输入掩码设置

（7）选中"密码"字段行，单击"输入掩码"属性框，再单击属性框右侧出现的
回按钮，在弹出的"输入掩码向导"对话框中的"输入掩码"列表中选择"密码"，
单击"完成"按钮即可。单击快速访问工具栏上的"保存"按钮保存表。

（8）打开"图书信息"表的设计视图，单击表格工具"设计"选项卡"显示/隐
藏"选项组中的"索引"按钮，弹出"索引：图书信息"窗口，窗口中已存在一个
"图书编号"主索引。在索引名称下方输入第二个索引名称"书名-作者组合索引"，
在字段名称下方的第二个单元格和第三个单元格中通过下拉列表分别选择"书名"和
"作者"，"书名"的排序次序选择升序，"作者"的排序次序选择降序，如图 1-35 所
示，关闭"索引：图书信息"窗口。单击快速访问工具栏上的"保存"按钮保存表，
然后关闭"图书信息"表。

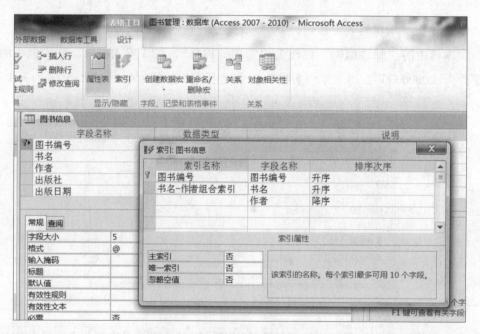

图 1-35　"索引：图书信息"窗口

四、知识拓展

（1）设置日期/时间类型字段的格式属性时，若预定义的格式中没有符合要求的格
式，则可以自定义格式。可以通过自定义格式的各种占位符和分隔符的任意组合自定
义所需要的格式。例如，若想将日期显示为"2015 年 05 月 06 号"这样的形式，则需
要在"格式"属性框中输入"yyyy \ 年 mm \ 月 dd \ 日"。自定义"日期/时间"格式
的各种占位符和分隔符的说明如表 1-11 所示。

表 1–11 自定义"日期/时间"格式

符号	说　　明
：（冒号）	时间分隔符
/	日期分隔符
d	根据需要以一位或两位数字表示一个月中的第几天（1 到 31）
dd	以两位数字表示一个月中的第几天（01 到 31）
ddd	星期的前三个字母（Sun 到 Sat）
dddd	星期的全称（Sunday 到 Saturday）
w	一周中的第几天（1 到 7）
ww	一年中的第几周（1 到 53）
m	根据需要以一位或两位数字表示一年中的月份（1 到 12）
mm	以两位数字表示一年中的月份（01 到 12）
mmm	月份的前三个字母（Jan 到 Dec）
mmmm	月份的全称（January 到 December）
q	一年中的季度（1 至 4）
y	一年中的第几天（1 到 366）
yy	年份的最后两位数字（01 到 99）
yyyy	完整的年份（0100 到 9999）
h	根据需要以一位或两位数字表示小时（0 到 23）
hh	用两位数字表示小时（00 到 23）
n	根据需要以一位或两位数字表示分钟（0 到 59）
nn	用两位数字表示分钟（00 到 59）
s	根据需要用一位或两位数字表示秒（0 到 59）
ss	用两位数字表示秒（00 到 59）
AM/PM	使用相应的大写字母"AM"或"PM"的十二小时制，如 9：34PM
am/pm	使用相应的小写字母"am"或"pm"的十二小时制，如 9：34pm
A/P	使用相应的大写字母"A"或"P"的十二小时制，如 9：34P
a/p	使用相应的小写字母"a"或"p"的十二小时制，如 9：34p
AMPM	使用在 Windows 区域设置中定义的上午/下午指示器的十二小时制

（2）字段的输入掩码属性限定字段值输入时的内容和格式。输入掩码由输入掩码字符组合而成。输入掩码字符的含义如表 1–12 所示。

表 1-12 输入掩码字符表

字符	说　　明
0	数字（0 到 9，必选项；不允许使用加号［+］和减号［-］）
9	数字或空格（非必选项；不允许使用加号和减号）
#	数字或空格（非必选项；空白将转换为空格，允许使用加号和减号）
L	字母（A 到 Z，必选项）
?	字母（A 到 Z，可选项）
A	字母或数字（必选项）
a	字母或数字（可选项）
&	任一字符或空格（必选项）
C	任一字符或空格（可选项）
. , : ; - /	十进制占位符以及千位、日期和时间分隔符（实际使用的字符取决于 Microsoft Windows 控制面板中指定的区域设置）
<	使其后所有的字符转换为小写
>	使其后所有的字符转换为大写
!	使输入掩码从右到左显示，而不是从左到右显示；输入掩码中的字符始终都是从左到右输入；可以在输入掩码中的任何地方包括感叹号
\	使其后的字符显示为原义字符；可用于将该表中的任何字符显示为原义字符（例如，\ A 显示为 A）
密码	将输入掩码属性设置为"密码"，以创建密码项文本框。文本框中输入的任何字符都按字面字符保存，但显示为星号（*）

五、课后练习

（1）在文件夹中存放有"samp1"数据库（文件名为 sampl. accdb），其中已建立表对象"tEmp"。试按以下操作要求，完成对"tEmp"表的编辑操作。

① 将"编号"字段改名为"工号"，并将其设置为主键；按所属部门修改工号，修改规则为：所属部门为"01"的"工号"首字符为"1"，所属部门为"02"的"工号"首字符为"2"，以此类推。

② 设置"年龄"字段的有效性规则为不能是空值。

③ 设置"聘用时间"字段的默认值为系统当前年的 1 月 1 日。（提示：利用 DateSerial 函数构建表达式）

④ 设置"聘用时间"字段的相关属性，使该字段按照"××××/××/××"格式输入，如 2015/05/08。

⑤ 完成上述操作后，在"samp1"数据库中做"tEmp"表的备份，命名为"tEL"表。

（2）在文件夹中存放有"samp2"数据库（文件名为 samp2. accdb），其中已建立表对象"tEmployee"，按以下操作要求，完成对"tEmployee"表的编辑操作。

① 分析"tEmployee"表的结构，判断并设置主键。

② 设置"年龄"字段的"有效性规则"属性为非空且非负。

③ 设置"聘用时间"字段的默认值为系统当前月的最后一天。

④ 交换表结构中的"职务"与"聘用时间"两个字段的位置。

⑤ 删除 1995 年聘用的"职员"职工信息。

⑥ 在编辑完的"tEmployee"表中追加一条新记录：

编号	姓名	性别	年龄	聘用时间	所属部门	职务	简历
000031	王涛	男	35	2004/09/01	02	主管	熟悉系统维护

实验 5　建立表间关系

一、实验任务

在文件夹中存放有"图书管理"数据库（文件名为图书管理 .accdb，由实验 4 创建）。创建"图书管理"数据库中表之间的关联关系，并实施参照完整性约束。要求级联更新和级联删除。

二、问题分析

建立数据库中表之间关系的关键是确定主键和外键，以及主表和相关表。可以通过分析数据库中各表对象的表结构和表内容，确定表之间关系的类型及匹配的键列。注意，在"编辑关系"对话框中设置的一对多关系中，一方为主表，多方为相关表。

三、操作步骤

（1）打开图书管理. accdb，在"数据库工具"选项卡"关系"选项组中单击"关系"按钮，打开"关系"窗口，同时打开"显示表"对话框，如图 1-36 所示。

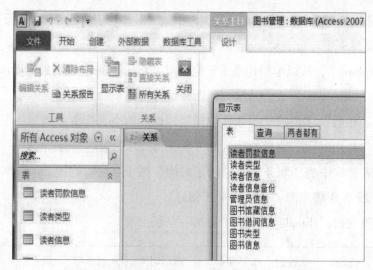

图 1-36　打开"关系"窗口和"显示表"对话框

（2）在"显示表"对话框中，分别双击各表对象，将其添加到"关系"窗口中，关闭"显示表"对话框。根据预先分析的表之间的关系，适当调整"关系"窗口中各表的布局，如图 1-37 所示。需要说明的是，"读者信息备份"表不需要添加；"管理员信息"表与其他表没有关联关系，也不需要添加。

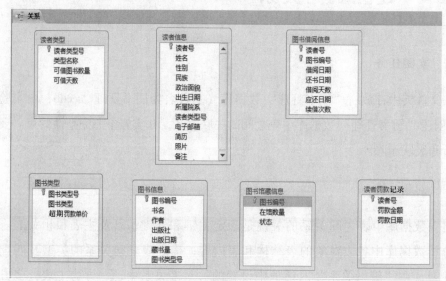

图 1-37　"关系"窗口布局

（3）选定"图书信息"表中的"图书编号"字段，然后按住鼠标左键将其拖到"图书借阅信息"表中的"图书编号"字段上，松开鼠标左键，会弹出如图 1-38 所示的"编辑关系"对话框。

（4）选中"实施参照完整性"复选框。此时"级联更新相关字段"和"级联删除相关记录"复选框变为可选状态，选中这两个复选框。单击"创建"按钮，结果如图 1-39 所示。

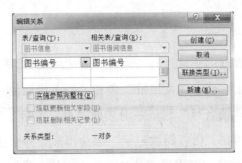

图 1-38 "编辑关系"对话框

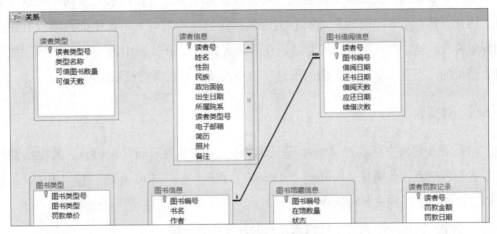

图 1-39 创建表之间的关系

（5）重复步骤（3）和（4），建立其他表之间的关系，结果如图 1-40 所示。

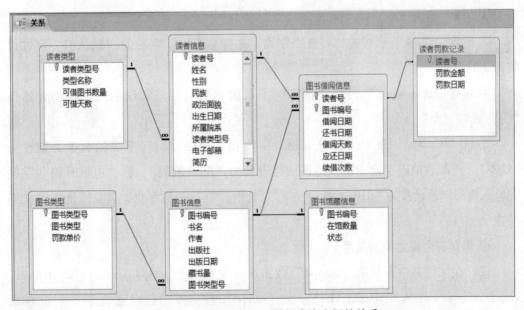

图 1-40 "图书管理"数据库表之间的关系

四、知识拓展

　　为了保证数据库中数据的正确性、一致性，表之间的关系一般需要实施参照完整性约束。但是，本实验中"读者罚款记录"表和"图书借阅信息"表之间的关系是一个特例。这两个表通过"读者号"形成一对多的关系。实际上，不可能全部读者都会因违反借阅规定被罚款而在"读者罚款记录"表中形成记录数据，因而"读者罚款记录"表中的"读者号"只是"图书借阅信息"表中"读者号"的一部分。当两个表建立关系时，如果选择实施参照完整性，则会因违背参照完整性约束要求而不能建立关系。因此，这两个表之间的关系没有实施参照完整性约束。关系连线的两端没有相应的标示符号。这样存在的潜在风险是，在"读者罚款记录"表中输入"读者号"数据时，错误的、不存在于"图书借阅信息"表中的读者号数据将被系统接受。

五、课后练习

　　（1）在文件夹中存放有"samp3"数据库（文件名为 samp3.accdb），其中已经建立了五个表对象，分别是"tOrder""tDetail""tEmployee""tCustom"和"tBook"。试按以下操作要求，完成各种操作。

　　① 分析"tOrder"表的字段构成，判断并设置其主键。

　　② 设置"tDetail"表中"订单明细 ID"字段和"数量"字段的相应属性，使"订单明细 ID"字段在数据表视图中的显示标题为"订单明细编号"，将"数量"字段取值设置为非空且大于 0。

　　③ 删除"tBook"表中的"备注"字段，并将"类别"字段的"默认值"属性设置为"计算机"。

　　④ 设置"tEmployee"表中"性别"字段的相关属性，实现利用下拉列表选择"男"或者"女"。

　　⑤ 将"tCustom"表中"邮政编码"字段和"电话号码"字段的数据类型改为"文本"，将邮政编码字段的输入掩码属性设置为"邮政编码"，将"电话号码"字段的输入掩码属性设置为"010-×××××××"，其中，"×"为数字位，且只能是 0~9 之间的数字。

　　⑥ 建立五个表之间的关系。

　　（2）在文件夹中存放有"samp4"数据库（文件名为 samp4.accdb）和"tQuota"Excel 文件（文件名为 tQuota.xlsx）。在"samp4"数据库中已经建立了一个表对象"tStock"，按以下操作要求，完成各种操作。

　　① 分析"tStock"表的字段构成，判断并设置其主键。

② 在"tStock"表的"规格"字段和"出厂价"字段之间增加一个新字段，字段名称为"单位"，数据类型为文本，字段大小为 1；设置其有效性规则，保证只能输入"只"或"箱"。

③ 删除"tStock"表中的"备注"字段，并为该表的"产品名称"字段创建查阅列表，查阅列表中显示"灯泡""节能灯"和"日光灯"三个值。

④ 向"tStock"表中输入数据，要求如下：第一，"出厂价"只能输入 3 位整数和 2 位小数（整数部分可以不足 3 位）；第二，"单位"字段的默认值为"只"。设置相关属性以实现这些要求。

⑤ 将文件夹中已有的 tQuota.xlsx 文件导入"samp2"数据库，表名不变，分析该表的字段构成，判断并设置其主键；设置表的相关属性，保证输入的"最低储备"字段值低于"最高储备"字段值，当输入的数据违反有效性规则时，提示"最低储备值必须低于最高储备值"。

⑥ 建立"tQuota"表与"tStock"表之间的关系。

单元二
查询的创建与使用

实验1 查询的创建

一、实验任务

使用查询向导查询读者的基本信息，并显示读者的读者号、姓名和性别，查询读者的读者号、姓名和所属院系，并显示图书编号和借阅天数。使用设计视图创建单表查询读者的基本信息，并显示读者号、姓名和性别。使用设计视图创建多表查询读者的读者号、姓名和所属院系，并显示图书编号和借阅天数。

二、问题分析

利用"创建"选项卡"查询"选项组中的"查询向导"按钮和"查询设计"按钮、查询工具"设计"选项卡"结果"选项组中的"视图"按钮和"运行"按钮、查询工具"设计"选项卡"显示/隐藏"选项组中的"汇总"按钮来完成本实验内容。

三、操作步骤

1. 利用简单查询向导创建单表查询和多表查询

（1）使用查询向导创建查询实现单表查询。查询读者基本信息，并显示读者的读者号、姓名和性别。具体步骤如下。

① 打开"图书管理"数据库，并在数据库窗口中选择"创建"选项卡，单击"查询"选项组中的"查询向导"按钮，弹出"新建查询"对话框，如图 2-1 所示。

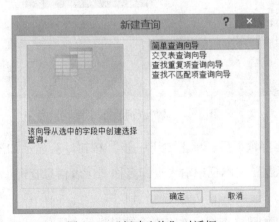

图 2-1 "新建查询"对话框

② 在"新建查询"对话框中选择"简单查询向导"选项，然后单击"确定"按钮，打开"简单查询向导"对话框，如图 2-2 所示。

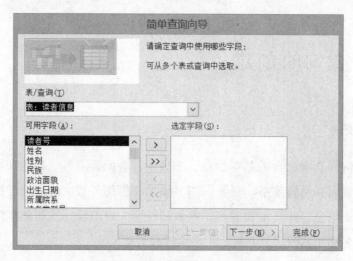

图 2-2　"简单查询向导"对话框

③ 在图 2-2 所示的对话框中，单击"表/查询"右侧的下拉按钮，选择"表：读者信息"，然后分别双击可用字段"读者号"（其标题为"读者编号"）、"姓名"和"性别"，或者选定相关字段后，单击">"按钮，将它们添加到"选定字段"框中，如图 2-3 所示。

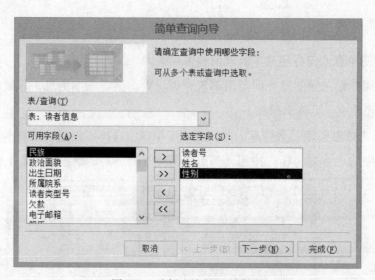

图 2-3　选择查询的可用字段

④ 在选择了所需字段以后，单击"下一步"按钮，会显示如图 2-4 所示的界面。在"请为查询指定标题"文本框中输入查询名称"读者信息查询 1"，选中"打开查询查看信息"单选按钮，最后单击"完成"按钮。

⑤ 这时，系统开始建立查询，并将查询结果显示在屏幕上，如图 2-5 所示。

（2）使用查询向导创建查询实现多表查询。查询读者的读者号、姓名和所属院系，并显示图书编号和借阅天数。具体步骤如下。

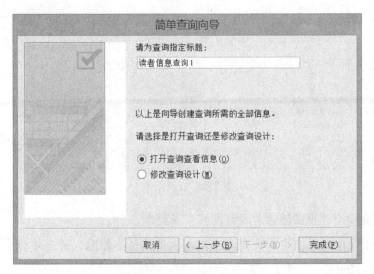

图 2-4 为查询指定标题

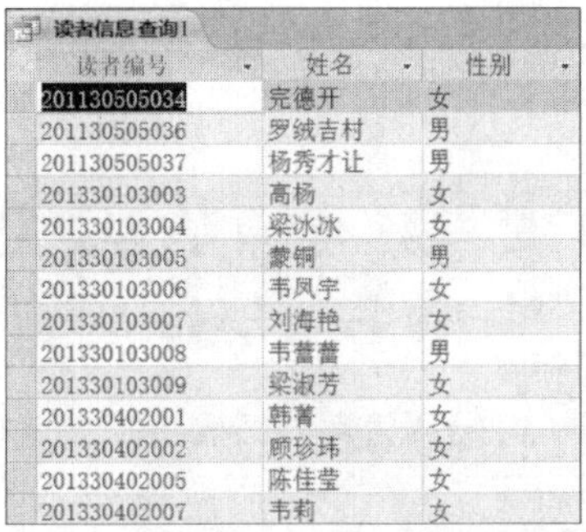

图 2-5 查询结果

① 打开"图书管理"数据库，并在数据库窗口中选择"创建"选项卡，单击"查询"选项组中的"查询向导"按钮，弹出"新建查询"对话框。在"新建查询"对话框中选择"简单查询向导"选项，然后单击"确定"按钮，打开"简单查询向导"对话框，如图 2-2 所示。

② 在图 2-2 所示的对话框中，单击"表/查询"右侧的下拉按钮，从中选择"图书借阅信息"表，然后双击可用字段"图书编号""借阅天数"，将它们分别添加到"选定字段"框中。

③ 重复上一步，将"读者信息"表中的可用字段"读者号""姓名""所属院系"添加到"选定字段"框中，单击"下一步"按钮。

④ 在"请为查询指定标题"文本框中输入"借阅信息查询 1"，然后选中"打开查询查看信息"单选按钮，最后单击"完成"按钮。这时，Access 2010 开始建立查询，并将查询结果显示在屏幕上，如图 2-6 所示。

借阅信息查询1				
读者编号 ▾	姓名 ▾	所属院系 ▾	图书编号 ▾	借阅天数 ▾
201130505034	完德开	藏学院		
201130505036	罗绒吉村	藏学院		
201130505037	杨秀才让	藏学院		
201330103003	高杨	管理学院		
201330103004	梁冰冰	管理学院		
201330103005	蒙铜	管理学院		
201330103006	韦凤宇	管理学院		
201330103007	刘海艳	管理学院	s0003	23
201330103007	刘海艳	管理学院	s0005	22
201330103008	韦蕾蕾	管理学院		

图 2-6　查询结果

2. 利用查询设计视图创建单表查询和多表查询

（1）使用设计视图创建单表查询。查询读者的基本信息，并显示读者号、姓名和性别。具体步骤如下。

① 打开"图书管理"的数据库，并在数据库窗口中选择"创建"选项卡，单击"查询"选项组中的"查询设计"按钮，弹出"显示表"对话框，如图 2-7 所示，同时出现查询设计视图窗口。

图 2-7　"显示表"对话框

② 在"显示表"对话框中，选择"表"选项卡，然后双击"读者信息"表。这时"读者信息"表被添加到查询设计视图上半部分的窗口中。单击"关闭"按钮，关闭"显示表"对话框。

③ 双击表中的"读者号""姓名""性别"字段，或者将相关字段直接拖到字段行上，如图 2-8 所示。

④ 单击快速访问工具栏上的"保存"按钮，出现"另存为"对话框，在"查询名称"文本框中输入"读者信息查询 2"，然后单击"确定"按钮。

⑤ 单击查询工具"设计"选项卡"结果"选项组中的"视图"按钮，选择"数据表视图"选项，或单击"运行"按钮，切换到数据表视图，这时可以看到"读者信息查询 2"的执行结果，与图 2-5 所示的查询结果一致。

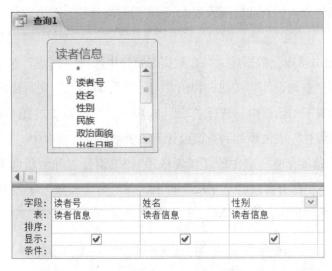

图 2-8　查询设计视图下半部分窗口的"字段"行

（2）使用设计视图创建多表查询。查询读者的读者号、姓名和所属院系，并显示图书编号和借阅天数。具体步骤如下。

① 打开"图书管理"的数据库，并在数据库窗口中选择"创建"选项卡，单击"查询"选项组中的"查询设计"按钮，弹出"显示表"对话框，同时出现查询设计视图窗口。

② 该查询涉及两个数据表。在"显示表"对话框中，选择"表"选项卡，然后双击"读者信息"表。这时"读者信息"表被添加到查询设计视图上半部分的窗口中。用同样的方法将"图书借阅信息"表也添加到查询设计视图上半部分的窗口中。最后单击"关闭"按钮，关闭"显示表"对话框。

③ 双击"读者信息"表中的"读者号""姓名"和"所属院系"字段，也可以将这些字段直接拖到字段行。这时在查询设计视图下半部分窗口的"字段"行中显示了字段的名称"读者号""姓名"和"所属院系"，"表"行显示了该字段对应的表名称"读者信息"。

④ 重复上一步，将"图书借阅信息"表中的"图书编号"字段和"借阅天数"字段添加到查询设计视图下半部分窗口的"字段"行上。

⑤ 单击快速访问工具栏上的"保存"按钮，出现"另存为"对话框。在"查询名称"文本框中输入"借阅信息查询 2"，然后单击"确定"按钮。

⑥ 单击查询工具"设计"选项卡"结果"选项组中的"视图"按钮，选择"数

据表视图"选项，或单击"运行"按钮，切换到数据表视图，这时可以看到"借阅信息查询2"的结果，与图2-6所示的查询结果一致。

3. 使用查询设计视图创建条件查询

（1）单表条件查询。查询借阅天数大于20天的读者号、图书编号和借阅天数。具体步骤如下。

① 打开"图书管理"数据库，并在数据库窗口中选择"创建"选项卡，单击"查询"选项组中的"查询设计"按钮，弹出"显示表"对话框，同时出现查询设计视图窗口。在"显示表"对话框中，选择"表"选项卡，然后双击"图书借阅信息"表，这时"图书借阅信息"表被添加到查询设计视图上半部分的窗口中。

② 将"图书借阅信息"表中的"读者号""图书编号"和"借阅天数"字段添加到查询设计视图下半部分窗口的"字段"行上，在"借阅天数"字段列的"条件"行单元格中，输入条件表达式">=20"，如图2-9所示。

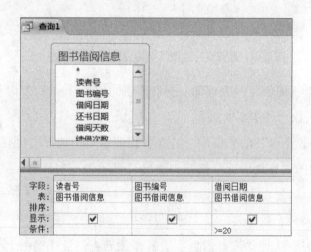

图2-9　在"条件"行单元格中输入条件表达式

③ 单击快速访问工具栏上的"保存"按钮，出现"另存为"对话框。在"查询名称"文本框中输入"借阅天数条件查询"，单击"确定"按钮。

④ 单击查询工具"设计"选项卡"结果"选项组中的"视图"按钮，选择"数据表视图"选项，或单击"运行"按钮，切换到数据表视图，这时可以看到"借阅天数条件查询"的结果，如图2-10所示。

（2）多表条件查询。查询读者号为"201431202008"的读者的信息，并显示该读者的读者号、姓名、图书编号、借阅天数。具体步骤如下。

① 打开"图书管理"数据库，并在数据库窗口中选择"创建"选项卡，单击"查询"选项组中的"查询设计"按钮，弹出"显示表"对话框，同时出现查询设计视图窗口。在"显示表"对话框中，单击"表"选项卡，然后双击"读者信

息"和"图书借阅信息",这时"读者信息"表和"图书借阅信息"表被添加到查询设计视图上半部分的窗口中。

借阅天数查询		
读者号	图书编号	借阅日期
201330103007	s0003	2014/12/2
201330103007	s0005	2014/12/6
201431202008	s0001	2014/12/6
201431202008	s0002	2014/12/6
201431202008	s0003	2014/12/8
201431202008	s0008	2014/12/8
201430106031	s0010	2014/12/10
201430106031	s0011	2014/12/10
201430106031	s0012	2014/12/12
201430106031	s0006	2014/12/12
t1110	s0015	2014/12/8
t1110	s0016	2014/12/8
t1110	s0017	2014/12/10
t1113	s0003	2014/12/25
t1113	s0004	2014/12/25
t1113	s0005	2014/12/26
t1113	s0006	2014/12/26
t1113	s0013	2014/12/26

图 2-10 借阅天数条件查询结果

② 将"读者信息"表中的"读者号""姓名"字段添加到查询设计视图下半部分窗口的"字段"行。在"读者号"字段列的"条件"行单元格中,输入条件表达式"=" 201431202008" "。同理,将"图书借阅信息"表中的"图书编号""借阅天数"字段添加到查询设计视图下半部分窗口的"字段"行,如图 2-11 所示。

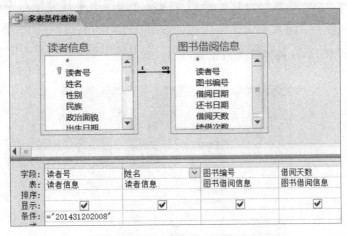

图 2-11 多表条件查询

③ 单击快速访问工具栏上的"保存"按钮,出现"另存为"对话框。在"查询名称"文本框中输入"多表条件查询",然后单击"确定"按钮。

④ 单击查询工具"设计"选项卡"结果"选项组中的"视图"按钮,选择"数

据表视图"选项，或单击"运行"按钮，切换到数据表视图。多表条件查询结果如图 2-12 所示。

图 2-12 多表条件查询结果

4. 运行已创建好的查询

（1）运行查询的方法有以下几种方式。

① 在数据库窗口左侧"所有 Access 对象"导航窗格中，双击"查询"对象栏中要运行的查询。

② 在数据库窗口左侧"所有 Access 对象"导航窗格中，右键单击"查询"对象栏中要运行的查询，在弹出的快捷菜单中选择"打开"命令。

③ 在查询设计视图中，单击查询工具"设计"选项卡"结果"选项组中的"运行"按钮。

④ 在查询设计视图中，单击查询工具"设计"选项卡"结果"选项组"视图"按钮，选择"数据表视图"选项。

（2）运行在"图书借阅信息"表中建立的查询。

5. 修改查询

重命名查询字段。将鼠标指针移动到查询设计视图下半部分窗口中需要重命名的字段左边，输入新名后输入英文冒号（:），如图 2-13 所示，在查询结果中，可以看到"图书编号"一列的字段名称被改为"编号"。

图 2-13 重命名查询字段

6. 排序查询的结果

要对查询的结果进行排序，具体操作步骤如下。

（1）在查询设计视图中打开查询。

（2）在对多个字段进行排序时，首先在查询设计视图下半部分窗口中安排要进行排序的字段顺序。Access 首先按最左边的字段进行排序，当排序字段出现等值情况时，再对其右边的字段进行排序，以此类推。

（3）在要排序的每个字段的"排序"行单元格中，单击所需的选项即可。

试练习对在"图书借阅信息"表中建立的查询进行排序。

四、知识拓展

一个表中可能包含多个字段数据，有时用户只需要表中的部分数据，有时用户则需要从多个关联表中找出需要的数据。这类查询称为选择查询，它是查询对象中最常用的一种查询。除了简单地从表中选择字段，查找出满足条件的记录外，选择查询还可以对记录进行总计、计数、求平均值等操作，也可以通过对表中的数据进行计算生成新的数据。

一般情况下，建立选择查询有两种方法：使用向导创建选择查询和在查询设计视图中创建选择查询。

五、课后练习

（1）分别使用向导创建查询和查询设计视图创建查询两种方法实现单表查询和多表查询。查询管理员的基本信息，并显示管理员的姓名、性别和编号。

（2）练习使用多种方法运行已创建好的查询。

（3）练习使用查询设计视图来修改查询。

实验 2　特殊查询的创建

一、实验任务

（1）使用查询设计视图创建统计查询对读者人数进行统计。

（2）使用查询设计视图为"读者信息"表添加"年龄"字段。

（3）使用交叉表查询在"图书管理"数据库的"读者信息"表中建立对各个院系读者的性别分别进行统计的交叉表查询。

二、问题分析

利用查询设计视图创建统计查询统计读者人数，利用查询设计视图添加计算字段，利用"交叉表查询向导"创建交叉表查询，利用查询设计视图创建参数查询。

三、操作步骤

1. 利用查询设计视图创建统计查询统计读者人数

具体步骤如下。

（1）打开"图书管理"数据库，并在数据库窗口中选择"创建"选项卡，单击"查询"选项组"查询设计"按钮，弹出"显示表"对话框，同时出现查询设计视图窗口。

（2）将"读者信息"表中的"读者号"字段添加到查询设计视图下半部分窗口的"字段"行。

（3）单击查询工具"设计"选项卡"显示/隐藏"选项组中的"汇总"按钮，查询设计视图下半部分窗口中出现"总计"行，并自动将"读者号"字段的"总计"行单元格设计成"Group By"。单击"读者号"字段的"总计"行单元格，这时它右边将显示一个下拉按钮，单击该按钮，从下拉列表框中选择"计数"函数，如图 2-14 所示。

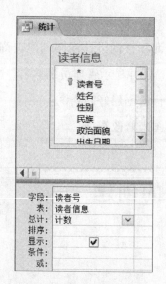

图 2-14　在"总计"行单元格中选择"计算"函数

（4）单击快速访问工具栏上的"保存"按钮，出现"另存为"对话框，在"查询名称"文本框中输入"统计"，然后单击"确定"按钮。

（5）单击查询工具"设计"选项卡"结果"选项组中的"视图"按钮，选择"数据表视图"选项，或单击"运行"按钮，切换到数据表视图，读者人数统计结果如图2-15 所示。

图 2-15　读者人数统计结果

2. 利用查询设计视图添加计算字段

给"读者信息"表添加"年龄"字段，具体步骤如下。

（1）打开"图书管理"数据库，并在数据库窗口中选择"创建"选项卡，单击"查询"选项组"查询设计"按钮，弹出"显示表"对话框，同时出现查询设计视图窗口。

（2）将"读者信息"表中的"读者号""姓名""性别"和"出生日期"字段添加到查询设计视图下半部分窗口的"字段"行上。

（3）在"字段"行的第一个空白列中输入表达式

年龄：Year(Date( ))-Year([出生日期])

如图 2-16 所示。其中，"年龄"为标题；"："为标题与表达式的分隔符（注意，必须输入英文模式下的冒号）；"Year(Date( ))-Year([出生年月])"为计算表达式。

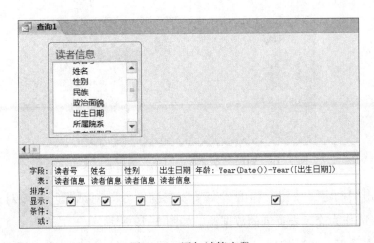

图 2-16　添加计算字段

（4）单击快速访问工具栏上的"保存"按钮，出现"另存为"对话框，在"查询名称"文本框中输入"年龄查询"，然后单击"确定"按钮。运行后的查询结果如图 2-17 所示。

3. 利用"交叉表查询向导"创建交叉表查询

建立如图 2-18 所示的交叉表查询，具体步骤如下。

（1）打开"图书管理"数据库，单击"创建"选项卡"查询"选项组中的"查询向导"按钮，在弹出"新建查询"对话框中选择"交叉表查询向导"选项。

年龄查询

读者编号	姓名	性别	出生日期	年龄
201130505034	完德开	女	1996/12/19	19
201130505036	罗绒吉村	男	1996/11/26	19
201130505037	杨秀才让	男	1995/9/10	20
201330103003	高杨	女	1997/11/6	18
201330103004	梁冰冰	女	1995/11/7	20
201330103005	蒙铜	男	1995/11/8	20
201330103006	韦凤宇	女	1995/3/1	20
201330103007	刘海艳	女	1995/3/2	20
201330103008	韦蕾蕾	男	1995/3/3	20
201330103009	梁淑芳	女	1994/11/12	21
201330402001	韩菁	女	1996/1/30	19
201330402002	顾珍玮	女	1996/7/9	19
201330402005	陈佳莹	女	1994/12/3	21
201330402007	韦莉	女	1995/2/5	20
201330402008	陆婷婷	男	1994/8/24	21
201330402009	陈建芳	女	1995/9/3	20
201330402010	李莹月	男	1996/1/10	19
201330402019	柏雪	女	1995/5/26	20
201330805019	陈盼	女	1996/9/5	19
201331902003	赵俊青	女	1996/8/30	19
201430101004	次仁白珍	女	1996/9/6	19
201430101006	董雪倩	女	1996/8/29	19
201430106027	苏桃	女	1996/9/2	19

图 2-17 添加计算字段查询结果

读者信息_交叉表3

所属院系	总计 民族	男	女
藏学院	4	3	1
城建学院	17	8	9
管理学院	19	7	12
化环学院	11	8	3
计算机学院	2		2
经济学院	18	1	17
生科学院	7	3	4
文新学院	11	4	7

图 2-18 利用“交叉查询向导”创建的交叉表

（2）单击“确定”按钮，弹出“交叉表查询向导”对话框，在该对话框中选择“读者信息”表作为交叉表查询的数据源，如图 2-19 所示。

（3）单击“下一步”按钮，弹出提示选择行标题的对话框，在对话框中选择作为行标题的字段，行标题最多可以选择三个，本例中选择“所属院系”作为行标题，如图 2-20 所示。

（4）单击“下一步”按钮，弹出提示选择列标题的对话框。在对话框中选择作为列标题的字段，列标题最多可以选一个，本例中选择“性别”作为列标题，如图 2-21 所示。

（5）单击“下一步”按钮，弹出选择对话框，在此对话框中选择要在交叉点显示的字段，以及字段的显示函数，本例中选择“民族”字段，函数是计数，如图 2-22 所示。

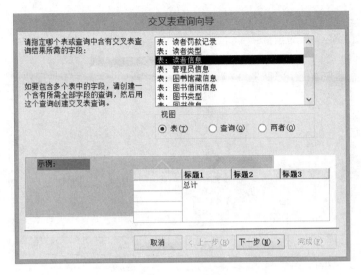

图 2-19 "交叉表查询向导"对话框

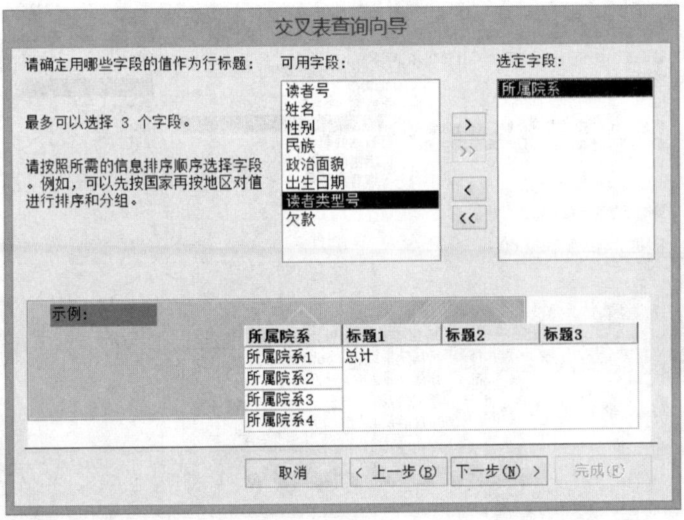

图 2-20 "交叉表查询向导"选择行标题对话框

(6) 单击"下一步"按钮,在弹出的选择对话框中输入该查询的名称,单击"完成"按钮,即完成交叉表查询的创建。

从图 2-18 所示的表中可知,藏学院的读者共 4 名,其中男性读者为 3 名,女性读者为 1 名;计算机学院的读者共两名,无男性读者,女性读者为 2 名;同理,可以看到其他院系的读者人数。

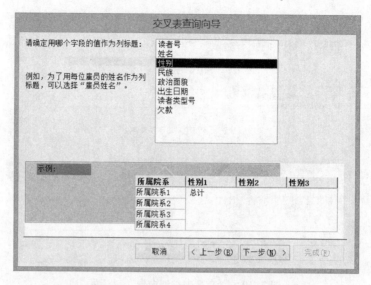

图 2-21 "交叉表查询向导"选择列标题对话框

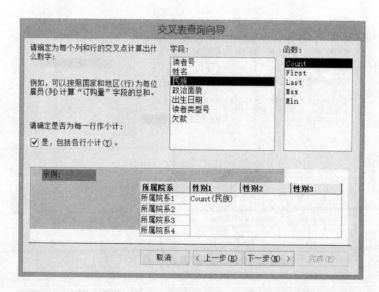

图 2-22 "交叉表查询向导"选择交叉点字段及其显示函数对话框

4. 利用查询设计视图创建参数查询

（1）打开"图书管理"数据库，单击"创建"选项卡"查询"选项组中的"查询设计"按钮，弹出"显示表"对话框，同时出现查询设计视图窗口。

（2）选择要作为查询数据源的"读者信息"表，将其添加到查询设计视图上半部分的窗口中，关闭"显示表"对话框，返回查询设计视图窗口。

（3）双击数据源表中的字段或直接将该字段拖到查询设计视图下半部分窗口的"字段"行中，这样就在"表"行中显示了该表的名称，"字段"行中显示了该字段的名称。

（4）在"姓名"字段的"条件"行中，输入一个带方括号的文本"［请输入读者姓名］"作为参数查询的提示信息，如图 2-23 所示。

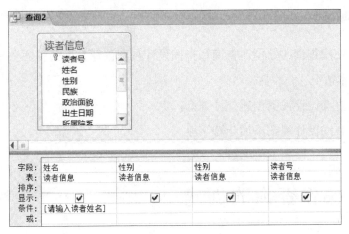

图 2-23 参数查询设计窗口

（5）保存该查询。这时弹出"另存为"对话框，在该对话框中输入要保存的查询名称，如输入"根据姓名查询"。单击查询工具"设计"选项卡"结果"选项组中的"视图"按钮，选择"数据表视图"选项或者单击"运行"按钮，弹出"输入参数值"对话框，如图 2-24 所示。

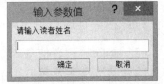

图 2-24 "输入参数值"对话框

（6）输入要查询的读者的姓名，如输入"梁冰冰"，并单击"确定"按钮，得到的查询结果如图 2-25 所示。

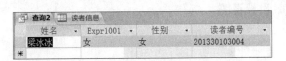

图 2-25 根据姓名查询的结果

（7）每一次运行这个参数查询时，都会出现要求输入姓名的对话框，输入要查询的姓名，即可得到查询结果。

四、知识拓展

数据库中首先建立的是表对象，在表中为了减少数据的冗余度，在建表时如果有些字段的值可以通过对其他一些字段进行计算获得，那么这些字段就不会被设计到表中。例如，"读者信息"表中有"出生日期"字段，就不应该有"年龄"字段，但是可以利用查询设计视图计算出读者的年龄并进行显示。

Access 在查询中还提供了统计的功能，即通过在查询中添加"总计"行，对表中的数据进行汇总统计。例如，对表中的数据进行求总和、平均值、最大值、最小值等运算，还可以对表中的数据进行分组统计。

五、课后练习

（1）分别使用查询向导创建查询和查询设计视图创建查询两种方法实现单表查询，查询图书的基本情况。

（2）利用查询设计视图创建统计查询。

（3）利用查询设计视图添加计算字段。

实验 3　操作查询的创建

一、实验任务

（1）利用"读者信息"表生成一个新表（表名为"读者信息 2"），包括"读者号""姓名""性别"和"所属院系"字段。

（2）删除"读者信息 2"生成表中性别为"女"的读者记录。

（3）将"读者信息"表中所属院系为"管理学院"的记录更新为所属院系为"会计学院"。

（4）将"管理员信息"表中的信息追加到"读者信息"表相应的字段上。

（5）切换到 SQL 设计视图。

二、问题分析

利用查询设计视图创建生成表查询，利用删除查询删除"读者信息"表中性别为女的读者记录，利用更新查询更新"读者信息"表中所属院系为"管理学院"的读者记录，利用追加查询将"管理员信息"表中的信息追加到"读者信息"表的相应字段上。

三、操作步骤

1. 利用查询设计视图创建生成表查询

利用"读者信息"表生成一个新表（表名为"读者信息 2"），包括读者号、姓名、性别和所属院系，具体步骤如下。

（1）启动 Access 2010，打开"读者信息"表，单击"创建"选项卡"查询"选项组中的"查询设计"按钮,在弹出的"显示表"对话框中选择"读者信息"表,单击"添加"按钮将该表添加至查询设计视图窗口中。

(2)关闭"显示表"对话框,单击查询工具"设计"选项卡"查询类型"选项组中的"生成表"按钮,弹出如图 2-26 所示的"生成表"对话框,在"表名称"下拉列表中选择"读者信息 2"作为要生成的表的名称。

图 2-26 "生成表"对话框

(3)单击"确定"按钮,返回查询设计视图,在数据源表中选择字段,如图 2-27 所示。

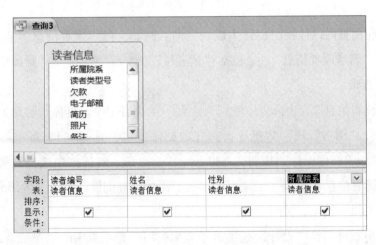

图 2-27 生成表查询设计窗口

(4)单击快速访问工具栏中的"保存"按钮保存查询,弹出"另存为"对话框,在对话框中输入查询文件名,这里取名为"读者信息 2",如图 2-28 所示,单击"确定"按钮。

(5)单击查询工具"设计"选项卡"结果"选项组中的"视图"按钮,选择"数据表视图"选项,预览要生成的数据表,单击"运行"按钮,运行该生成表查询。

(6)打开"读者信息 2"表,如图 2-29 所示。

图 2-28 "另存为"对话框

读者信息2

读者编号	姓名	性别	所属院系
201130505034	完德开	女	藏学院
201130505036	罗绒吉村	男	藏学院
201130505037	杨秀才让	男	藏学院
201330103003	高杨	女	管理学院
201330103004	梁冰冰	女	管理学院
201330103005	蒙铜	男	管理学院
201330103006	韦凤宇	女	管理学院
201330103007	刘海艳	女	管理学院
201330103008	韦蕾蕾	男	管理学院
201330103009	梁淑芳	女	管理学院
201330402001	韩菁	女	文新学院
201330402002	顾珍玮	女	文新学院
201330402005	陈佳莹	女	文新学院
201330402007	韦莉	女	文新学院
201330402008	陆婷婷	男	文新学院
201330402009	陈建芳	女	文新学院
201330402010	李莹月	男	文新学院
201330402019	柏雪	女	文新学院
201330805019	陈盼	女	经济学院
201331902003	赵俊青	女	经济学院
201430101004	次仁白珍	女	生科学院
201430101006	董雪倩	女	管理学院
201430106027	苏桃	女	管理学院

图 2-29　打开“读者信息 2”表

试练习利用查询设计视图创建生成表查询。例如，将“读者信息”表生成一个新表（表名为“新增读者信息”），包括“读者号”“姓名”“性别”“所属院系”。

2. 删除查询

删除“读者信息 2”生成表中性别为“女”的读者记录，具体步骤如下。

（1）打开“图书管理”数据库，并在数据库窗口中选择“创建”选项卡，单击“查询”选项组“查询设计”按钮，在打开的“显示表”对话框中选择“表”选项卡，然后双击“读者信息 2”，将“读者信息 2”表添加到查询设计视图上半部分的窗口中。然后单击“关闭”按钮，关闭“显示表”对话框。

（2）单击查询工具“设计”选项卡“查询类型”选项组中的“删除”按钮，这时在查询设计视图下半部分的窗口中显示了一个“删除”行。

（3）把“读者信息 2”字段列表中的“*”号拖到查询设计视图下半部分窗口的“字段”行单元格中，系统将其“删除”单元格设定为“From”，表明要对该表进行删除操作。

（4）将要设置条件的“性别”字段拖到查询设计视图下半部分窗口的“字段”行单元格中，系统将其“删除”单元格设定为“Where”，在“性别”的“条件”行单元格中输入表达式“女”，删除查询设计如图 2-30 所示。

（5）单击查询工具“设计”选项卡“结果”选项组中的“视图”按钮，选择“数据表视图”选项，预览删除查询检索到的一组记录。如果预览到的一组记录不是要删

图 2-30 删除查询设计视图

除的记录,则可以再次单击查询工具"设计"选项卡"结果"选项组中的"视图"按钮,选择"设计视图"选项,返回到查询设计视图,对查询进行所需的更改,直到满意为止。

(6)单击查询工具"设计"选项卡"结果"选项组中的"运行"按钮,弹出如图 2-31 所示的删除查询提示对话框。

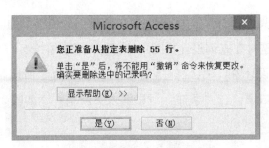

图 2-31 删除查询提示对话框

(7)单击"是"按钮,Access 2010 开始删除属于同一组的所有记录。当单击表对象,然后再双击"读者信息 2"表时,可以看到所有性别为"女"的读者记录已经被删除,结果如图 2-32 所示。

试练习利用查询设计视图创建删除查询。例如,删除"读者信息 2"生成表中所属院系为"管理学院"的记录。

3. 更新查询

将"读者信息"表中所属院系为"管理学院"的记录更新为所属院系为"会计学院",具体步骤如下。

(1)启动 Access 2010,打开"图书管理"数据库,单击"创建"选项卡"查询"选项组的"查询设计"按钮,在弹出的"显示表"对话框中选择"读者信息"表,单

读者信息2			
读者编号 ▾	姓名 ▾	性别 ▾	所属院系 ▾
201330402008	陆婷婷	男	文新学院
201330402010	李莹月	男	文新学院
201130505036	罗绒吉村	男	藏学院
201130505037	杨秀才让	男	藏学院
201330103005	蒙铜	男	管理学院
201330103008	韦蕾蕾	男	管理学院
201431202007	姜坤	男	城建学院
201431202008	解毓朝	男	城建学院
201431202009	李冰	男	城建学院
201431305030	钱欣宇	男	生科学院
201431202013	李宗培	男	城建学院
201431305031	邵小钦	男	生科学院
201430106028	孙德刚	男	管理学院
201430106030	唐成照	男	管理学院
201431202017	刘斯诺	男	城建学院
201431202021	潘文贤	男	城建学院
201431303082	赵峰	男	生科学院
201431204002	边巴旺堆	男	化环学院
201431204018	丁小龙	男	化环学院
201431204019	丁志超	男	化环学院
201431204022	高旭东	男	化环学院
201431204030	金宏哲	男	化环学院
201431204031	金廷贵	男	化环学院

图 2-32　删除查询结果

击"添加"按钮将该表添加至查询设计视图窗口中。单击"关闭"按钮，关闭"显示表"对话框。

（2）单击查询工具"设计"选项卡"查询类型"选项组中的"更新"按钮，进入更新查询设计窗口，这时在查询设计视图下半部分的窗口中显示了一个"更新到"行。

（3）在更新查询设计窗口中，在对应字段（本例中为"所属院系"字段）的"更新到"行中输入更新数据，在"条件"行中输入更新条件，如图 2-33 所示。

图 2-33　更新查询设计窗口

（4）关闭更新查询设计窗口，保存查询，打开数据源表，如图 2-34 所示。

图 2-34　打开数据源表

（5）单击查询工具"设计"选项卡"结果"选项组中的"视图"按钮，选择"数据表视图"选项，可以预览要更新的数据。如果单击"运行"按钮，数据表中的数据则被更新。

（6）打开数据源表（"读者信息"表），结果如图 2-35 所示。

图 2-35　更新查询后的学生信息

试练习利用查询设计视图创建更新查询。例如，将"读者信息"表中所属院系为"文新学院"的记录更新为所属院系为"文传学院"。

4. 追加查询

将"管理员信息"表中的信息追加到"读者信息"表相应的字段上，具体步骤如下。

（1）启动 Access 2010，打开"管理员信息"表，单击"创建"选项卡"查询"选项组中的"查询设计"按钮，在弹出的"显示表"对话框中选择"管理员信息"表，单击"添加"按钮将该表添加至查询设计视图窗口中。单击"关闭"按钮，关闭"显示表"对话框。

（2）单击查询工具"设计"选项卡"查询类型"选项组中的"追加"按钮，弹出如图 2-36 所示的"追加"对话框。

图 2-36 "追加"对话框

（3）在"追加"对话框中，输入待追加的数据表名，确定是在当前数据库中追加还是在另一个数据库中追加，确定好后再单击"确定"按钮。这时在查询设计视图下半部分的窗口中显示了一个"追加到"行，在该行中选择与其对应的字段名，如图 2-37 所示。

图 2-37 追加查询设计窗口

（4）单击查询工具"设计"选项卡"结果"选项组中的"视图"按钮，选择"数据表视图"选项，可以预览到要追加到目标表中的数据，而如果单击"运行"按钮，则直接执行追加查询。

（5）打开"读者信息"表，如图 2-38 所示。

5. 切换到 SQL 视图

将前面的追加查询切换到 SQL 视图下观察，具体步骤如下。

（1）在数据库窗口左侧"所有 Access 对象"导航窗格中的"查询"对象栏中选择追加查询后右键单击，在弹出的快捷菜单中选择"设计视图"命令，屏幕上会显示该追加查询的设计视图窗口，如图 2-37 所示。

读者编号	姓名	性别	民族	政治面貌	出生日期	所属院系
⊞ 201431204030	金宏哲	男	蒙古族	预备党员	1996/9/29	化环学院
⊞ 201431204031	金廷贵	男	回族	其他	1996/9/30	化环学院
⊞ 201431204032	康伏龙	男	汉族	群众	1996/10/1	化环学院
⊞ 201431303082	赵峰	男	汉族	团员	1996/9/7	生科学院
⊞ 201431305030	钱欣宇	男	白族	团员	1996/7/12	生科学院
⊞ 201431305031	邵小钦	男	蒙古族	团员	1996/7/18	生科学院
⊞ 201431305032	石黎琳	女	汉族	群众	1996/9/4	生科学院
⊞ 2170001	徐大伟	男				
⊞ 2170002	高天磊	男				
⊞ 2170003	马东旭	男				
⊞ 2170004	张倩	女				
⊞ 2170005	兰文强	男				
⊞ 2170006	陈文欣					
⊞ t1101	陈静	女	汉族	党员	1980/2/25	计算机学院
⊞ t1102	张琳	女	汉族	党员	1980/10/20	计算机学院
⊞ t1103	陈娟	女	汉族	党员	1978/4/5	经济学院
⊞ t1104	周密	男	回族	党员	1971/2/4	化环学院
⊞ t1105	周李	女	回族	党员	1965/6/23	生科学院

图 2-38　追加记录后的"读者信息表"

（2）单击查询工具"设计"选项卡"结果"选项组中的"视图"按钮，选择"SQL 视图"选项，可以将视图切换到 SQL 视图，如图 2-39 所示。

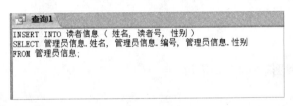

图 2-39　SQL 视图

四、知识拓展

操作查询与选择查询、参数查询、交叉表查询的运行有本质的不同。选择查询、参数查询和交叉表查询的运行结果是从数据表中生成的动态数据集合，并不对查询结果进行物理存储，也没有修改表中的数据记录。而操作查询的运行结果会对数据表中的数据进行创建或修改，不能在数据表视图中查看其运行结果，只能通过打开表对象浏览其中数据的方式查看创建和修改结果。由于操作查询会对表中的数据进行修改，而且执行操作查询后不能对数据进行恢复，所以在运行操作查询时必须要慎重，避免因为误运行带来损失。

五、课后练习

（1）生成表查询。在"图书管理"数据库中利用"读者信息"表生成一个新表，包括"姓名""所属院系"和"性别"字段。

（2）删除查询。删除"读者信息"表中性别为"男"的读者记录。

（3）更新查询。将"图书借阅信息"表中的"借阅天数"字段的值加 1。

（4）SQL 视图切换。将上述追加查询切换到 SQL 视图下观察。

实验 4　SQL 语句的使用

一、实验任务

（1）查询所有读者的姓名。

（2）从"图书借阅信息"表中查询借阅天数为 30 天以上的读者的读者号。

（3）从"图书借阅信息"表中统计借阅天数不少于 30 天的读者数量。

二、问题分析

利用 SQL 语句的对应功能完成相应的步骤。

三、操作步骤

1. 打开 SQL 视图输入 SQL 语句

具体步骤如下。

（1）打开查询语句输入窗口。打开"图书管理"数据库，并在数据库窗口中选择"创建"选项卡，单击"查询"选项组中的"查询设计"按钮，弹出"显示表"对话框，同时出现选择查询设计视图窗口。在"显示表"对话框中单击"关闭"按钮，关闭"显示表"对话框。在查询设计视图窗口中右键单击，在弹出的快捷菜单（如图 2-40 所示）中选择"SQL 视图"命令，即可切换到 SQL 视图，如图 2-41 所示。

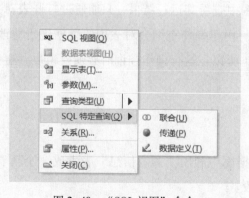

图 2-40　"SQL 视图"命令

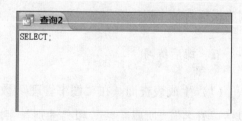

图 2-41　SQL 视图

（2）在 SQL 视图中单击鼠标，输入 SQL 语句，然后单击查询工具"设计"选项卡"结果"选项组中的"运行"按钮，即可执行相应的语句。

2. 使用 SQL 语句对"图书管理"数据库中的数据表进行单表查询

（1）查询所有读者的姓名。在 SQL 视图中输入如下语句并执行：

SELECT 读者信息.姓名

FROM 读者信息；

查询结果如图 2-42 所示。

（2）从"读者信息"表中查询性别为男的所有读者的记录。在 SQL 视图中输入如下语句并执行：

SELECT 读者信息.姓名，读者信息.性别

FROM 读者信息

WHERE 读者信息.性别="男"；

查询结果如图 2-43 所示。

图 2-42　读者姓名的查询结果　　　　图 2-43　性别为男的读者的查询结果

（3）从"图书借阅信息"表中查询借阅天数不少于 30 天的读者的读者号。在 SQL 视图中输入如下语句并执行：

SELECT 图书借阅信息.读者号，图书借阅信息.借阅天数

FROM 图书借阅信息

WHERE 图书借阅信息.借阅天数；

借阅天数不少于 30 天的查询结果如图 2-44 所示。

（4）从"图书借阅信息"表中统计借阅天数不少于 30 天的读者数量。在 SQL 视

图中输入如下语句并执行:

SELECT

COUNT * AS 数量

FROM 图书借阅信息

WHERE 借阅天数>=30;

统计查询结果如图 2-45 所示。

图 2-44 借阅天数不少于 30 天的查询结果

图 2-45 统计查询结果

3. 使用 SQL 语句对"图书管理"数据库中各个数据表进行多表查询

在已建立好表之间关系的基础上,对"图书管理"数据库中各个数据表进行多表查询。

从"读者信息"表和"图书借阅信息"表中查询性别为男,并且借阅天数不少于 20 天的读者的姓名、性别、所属院系等信息。在 SQL 视图中输入如下语句并执行:

SELECT 读者信息.姓名,读者信息.性别,读者信息.所属院系,图书借阅信息.借阅天数

FROM 读者信息 LEFT JOIN 图书借阅信息 ON 读者信息.读者号 = 图书借阅信息.读者号

WHERE 读者信息.性别="男" AND 图书借阅信息.借阅天数>=20;

多表查询结果如图 2-46 所示。

图 2-46 多表查询结果

四、知识拓展

SQL 是 structured query language(结构化查询语言)的缩写。SQL 是美国国家标准学会(ANSI)规定的数据库语言,用来访问和操作关系数据库系统。目前,大多数流

行的关系数据库系统，如 Microsoft Access、DB2、Microsoft SQL Server、Oracle 等，都采用了 SQL。通过 SQL 对数据库进行控制可以提高程序的一致性和扩展性。

五、课后练习

编写 SQL 语句，完成相应的查询。

（1）从"读者信息"表中查询所有读者的信息。

（2）从"读者信息"表中查询所属院系为"管理学院"的读者的读者号、姓名和性别等信息。

（3）在"读者信息"表中统计男性读者和女性读者的数量。

（4）在"读者信息"表和"图书借阅信息"表中查询性别为男的读者的读者号、姓名、性别、所属院系和借阅天数等信息。

单元三
窗体

实验 1　窗体基本操作一

一、实验任务

在文件夹中存放有"图书管理"数据库（文件名为图书管理. accdb）。该数据库中已经建立了窗体对象"读者信息查询"，在此基础上按照以下要求完成"读者信息查询"窗体的设计。

（1）在窗体页眉区中添加一个标签控件，其名称为"bTitle"，标题显示为"欢迎使用图书管理系统"。

（2）在窗体主体区中添加一个文本框控件，将其命名为"读者号"，将其控件来源设置为"读者号"。

（3）在窗体页脚区中距左边 0.9 cm、距上边 2.5 cm 处水平放置一个宽度为 2.5 cm、高度为 0.6 cm 的命令按钮控件，将其名称设置为"bQuit"，标题设置为"返回主界面"。

（4）将窗体标题设置为"读者信息查询"。

二、问题分析

本实验涉及的知识点包括控件的使用及其属性的设置、窗体属性的设置，主要是利用"属性表"任务窗格对各种属性进行设置。

三、操作步骤

（1）打开"图书管理"数据库。

（2）右键单击"读者信息查询"窗体，在弹出的快捷菜单中选择"设计视图"命令，打开窗体设计视图。单击窗体设计工具"设计"选项卡"控件"选项组中的"标签"按钮，在窗体页眉区中拖动鼠标画出一个矩形区域。在矩形中输入文字"欢迎使用图书管理系统"。选中标签控件，在"工具"选项组中单击"属性表"按钮，在打开的"属性表"任务窗格选择"全部"选项卡，设置标签控件"名称"为"bTitle"，"标题"为"欢迎使用图书管理系统"，如图 3-1 所示。

（3）单击窗体设计工具"设计"选项卡"控件"选项组中的"文本框"按钮，在窗体页脚区中按住鼠标左键，拖动鼠标画出一个矩形区域，松开鼠标左键后弹出"文本框向导"对话框，单击"取消"按钮。选中文本框控件，在"属性表"任务窗格中选择"全部"选项卡，设置"名称"为"读者号"，控件来源为"读者号"，如图 3-2 所示。

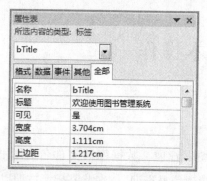

图 3-1　设置标签控件名称及其标题

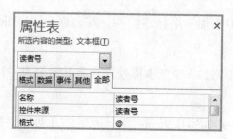

图 3-2　设置文本框控件名称及控件来源

（4）单击窗体设计工具"设计"选项卡"控件"选项组中的"按钮"按钮，在窗体页脚区中按住鼠标左键拖动鼠标画出一个矩形区域，松开鼠标左键后弹出"命令按钮向导"对话框，单击"取消"按钮。选中命令按钮控件，在"属性表"任务窗格选择"全部"选项卡，设置"名称"为"bQuit"，标题为"返回主界面"，"左边距"为 0.9 cm，"上边距"为 2.5 cm，"宽度"为 2.5 cm，"高度"为 0.6 cm，如图 3-3 所示。

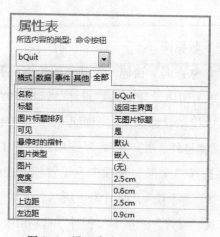

图 3-3　设置命令按钮控件属性

（5）单击窗体左上角的"窗体选定器"按钮选中该窗体，在"属性表"任务窗格中选择"格式"选项卡，设置窗体"标题"为"读者信息查询界面"，如图 3-4 所示。

图 3-4　设置窗体标题

（6）单击快速访问工具栏中的"保存"按钮。单击窗体设计工具"设计"选项卡"视图"选项组"视图"按钮，选择"窗体视图"选项，切换到窗体视图查看效果。

四、知识拓展

文本框控件的"控件来源"（即 ControlSource）属性用于显示和编辑绑定到表、查询或 SQL 语句中的数据。例如，若要用文本框控件显示并编辑某个表的某个字段的内容，则将该文本框控件的"控件来源"设置为该字段即可，当然该属性还可以显示表达式的结果。

五、课后练习

（1）创建一个窗体，设置窗体标题为"主窗体"，并在窗体主体区中画一个标签控件和命令按钮控件，设置标签控件的标题为"欢迎使用本软件"，设置命令按钮控件的标题为"进入系统"，并设置标签控件和命令按钮控件的大小一致，且垂直均匀分布在窗体主体区中。

（2）创建一个窗体，并在窗体主体区中画一个文本框控件，并设置其"控件来源"为"读者信息"表的"姓名"字段。

实验 2　窗体基本操作二

一、实验任务

在文件夹中存放有"图书管理"数据库（文件名为图书管理. accdb）。该数据库中已经建立表对象"读者信息"、窗体对象"登录界面"，在此基础上按照以下要求完成"登录界面"窗体的设计。

（1）在窗体主体区中距左边 0.4 cm、距上边 0.4 cm 处添加一个矩形控件，其名称为"rRim"，宽度为 16.6 cm，高度为 1.2 cm，特殊效果为"凿痕"。

（2）将窗体中的"退出"命令按钮控件上的文字颜色改为棕色（代码为"#800000"），字体粗细为"加粗"。

（3）将窗体标题改为"显示登录信息"。

（4）将窗体边框样式设置为"对话框边框"，取消窗体中的水平滚动条和垂直滚动条、记录选择器、导航按钮和分隔线。

二、问题分析

本实验涉及的知识点包括窗体及控件属性的设置。

三、操作步骤

（1）打开"图书管理"数据库。

（2）右键单击"登录界面"窗体，在弹出的快捷菜单中选择"设计视图"命令，打开窗体设计视图。单击窗体设计工具"设计"选项卡"控件"选项组中的"矩形"按钮，在窗体主体区中按住鼠标左键拖动鼠标画一个矩形区域，松开鼠标左键。选中该矩形控件，在"工具"选项组中单击"属性表"按钮，在打开的"属性表"任务窗格中选择"全部"选项卡，设置"名称"为"rRim"；选择"格式"选项卡，设置"宽度"为 16.6 cm，"高度"为 1.2 cm，"左边距"为 0.4 cm，"上边距"为 0.4 cm，"特殊效果"为"凿痕"。属性设置如图 3-5 所示。

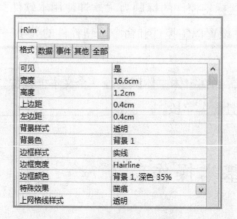

图 3-5　设置矩形控件属性

（3）单击"退出"命令按钮控件，在"属性表"任务窗格中选择"格式"选项卡，设置"前景色"为"#800000"，"字体粗细"为"加粗"。属性设置如图 3-6 所示。

图 3-6 设置"退出"命令按钮控件属性

(4) 单击"窗体选定器"按钮,打开窗体的"属性表"任务窗格,在"格式"选项卡中设置窗体的"标题"为"显示登录信息","边框样式"为"对话框样式","滚动条"属性为"两者均无","记录选择器"属性为"否","导航按钮"属性为"否","分隔线"属性为"否"。属性设置如图 3-7 所示。

图 3-7 设置窗体属性

四、知识拓展

窗体的属性设置会整体影响窗体的外观效果,因而要调整和美化窗体首先是对窗体属性进行设置。窗体有很多外观效果都可以通过属性设置来更改。例如,窗体"标题""关闭按钮""记录选择器""分隔线""导航按钮"和"滚动条"等，都可以在窗体"属性表"任务窗格中进行设置。

五、课后练习

创建一个窗体，将窗体标题改为"主界面"，将窗体的边框样式设置为"对话框边框"，取消窗体中的水平滚动条和垂直滚动条、记录选择器、导航按钮和分隔线。

实验 3   窗体基本操作三

一、实验任务

在文件夹中存放有"图书管理"数据库（文件名为图书管理.accdb）。该数据库中已经建立了窗体对象"主界面"，在此基础上按照以下要求完成"主界面"窗体的设计。

（1）将窗体中名称为"Label0"的标签控件上的文字颜色设置为蓝色（代码为"#0000FF"），字体粗细改为"加粗"。

（2）将窗体标题设置为"欢迎使用图书管理系统"。

（3）将窗体边框样式改为"细边框"，取消窗体中的水平滚动条和垂直滚动条、记录选择器、导航按钮和分隔线，并保留窗体的关闭按钮。

（4）将窗体中的"退出应用程序"命令按钮控件上的文字颜色改为棕色（代码为"#800000"）、字体粗细改为"加粗"，并在文字下方加下划线。

二、问题分析

本实验涉及的知识点包括控件的使用及其属性的设置、窗体属性的设置。

三、操作步骤

（1）打开"图书管理"数据库。

（2）右键单击"主界面"窗体，在弹出的快捷菜单中选择"设计视图"命令，打开窗体"设计视图"。选中"Label0"标签控件，单击窗体设计工具"设计"选项卡"工具"选项组中的"属性表"按钮，打开"属性表"任务窗格。在"格式"选项卡下设置"前景色"为"#0000FF"，"字体粗细"为"加粗"，如图3-8所示。

（3）单击"窗体选定器"按钮，然后打开"属性表"任务窗格。在"格式"选项卡下设置该窗体的"标题"为"欢迎使用图书管理系统","边框样式"为"细边框","滚动条"属性为"两者均无","记录选择器"属性为"否","导航按钮"属性为"否","分隔线"属性为"否","关闭按钮"属性为"是"。属性设置如图3-9所示。

图 3-8 设置标签控件属性

图 3-9 设置窗体属性

（4）选中标题为"退出应用程序"的命令按钮控件，在"属性表"任务窗格中选择"格式"选项卡，设置"前景色"为"#800000"，"字体粗细"为"加粗"，"下划线"属性为"是"。

（5）单击快速访问工具栏中的"保存"按钮，保存该窗体。

（6）单击窗体设计工具"设计"选项卡"视图"选项组"视图"按钮，选择"窗体视图"选项，切换到窗体视图查看效果。

四、知识拓展

窗体中控件背景色或前景色可以在"属性表"任务窗格中直接设置，也可以使用后面要介绍的（Visual Basic for Applications）（VBA）代码来实现，颜色的表示形式可以是16进制形式，如#0000FF；也可以是函数表示形式，如RGB（0，0，255）。

五、课后练习

（1）创建一个窗体，在窗体主体区中创建一个标签控件，设置标签控件上的文字颜色为红色（代码为"#FF0000"），并设置标签控件的背景色为白色。

（2）将窗体边框样式改为"细边框"，取消窗体中的水平滚动条和垂直滚动条、记录选择器、导航按钮和分隔线，并保留窗体的关闭按钮。

实验 4　窗体基本操作四

一、实验任务

在文件夹中存放有"图书管理"数据库（文件名为图书管理.accdb）。该数据库中已经建立了窗体对象"主界面"，在此基础上按照以下要求修改"主界面"窗体的设计。

（1）在窗体页眉区中距左边 0.4 cm、距上边 1.2 cm 处添加一个直线控件，控件宽度为 10.5 cm，将控件命名为"tLine"。

（2）将窗体中"欢迎使用图书管理系统"标签控件上的文字颜色改为红色（代码为"#FF0000"），字体改为华文行楷，字号改为 22。

二、问题分析

本实验涉及的知识点包括窗体及控件属性的应用。

三、操作步骤

（1）打开"图书管理"数据库。

（2）右键单击"主界面"窗体，在弹出的快捷菜单中选择"设计视图"命令，打开窗体设计视图。单击窗体设计工具"设计"选项卡"控件"选项组中的"直线"按钮，在窗体页眉区中按住鼠标左键拖动鼠标画一条直线，松开鼠标左键。选中"直线"控件，单击"工具"选项组中的"属性表"按钮，打开"属性表"任务窗格。选择"全部"选项卡，设置标签的"名称"为"tLine"。选择"格式"选项卡，设置"左边距"为 0.4 cm，"上边距"为 1.2 cm，"宽度"为 10.5 cm，如图 3-10 所示。

（3）单击"欢迎使用图书管理系统"标签控件，在"属性表"任务窗格中选择"格式"选项卡，设置"前景色"为"#FF0000"，"字体名称"为"华文行楷"，"字号"为 22，如图 3-11 所示。

（4）单击快速访问工具栏中的"保存"按钮，保存该窗体。

（5）单击窗体设计工具"设计"选项卡"视图"选项组"视图"按钮，选择"窗体视图"选项，切换到窗体视图查看效果。

图 3-10　设置直线控件属性　　　　　图 3-11　设置标签控件属性

四、知识拓展

一个窗体中的控件布局应该是整齐美观的，可以通过鼠标或键盘手动调整控件布局，但效率较低。Access 中提供了快捷的方式来进行控件的对齐操作，具体方法为先选定需要对齐的多个控件，然后在窗体设计工具"排列"选项卡的"调整大小和排序"组中单击"对齐"按钮，在打开的下拉列表中选择一种对齐方式即可。Access 也提供了自动调整控件间距的方法，具体方法为先选定需要调整间距的多个控件，然后在窗体设计工具"排列"选项卡的"调整大小和排序"组中，单击"大小/空格"按钮，在打开的下拉列表中选择一种方式即可。

五、课后练习

创建一个窗体，在窗体主体区中随机创建多个大小不一的标签控件，然后对它们进行对齐和调整大小等操作。

实验 5　窗体综合操作一

一、实验任务

在文件夹中存放有"图书管理"数据库（文件名为图书管理. accdb）。该数据库中已经建立了窗体对象"按编号查询读者信息"，在此基础上按照以下要求补充"按编号查询读者信息"窗体设计。

（1）在"按编号查询读者信息"窗体的窗体页眉区中添加一个标签控件，其名称为"bTitle",初始化标题显示为"按编号查询读者信息","字体名称"为"黑体",字号为18,字体粗细为"加粗"。

（2）在"按编号查询读者信息"窗体的窗体页脚区中添加一个命令按钮控件,将其名称设置为"bList",将其标题设置为"显示详细信息"。

（3）设置所建命令按钮控件"bList"的单击属性为运行宏对象"m1"。

（4）将"按编号查询读者信息"窗体的标题设置为"编号查询"。

（5）将"按编号查询读者信息"窗体的导航按钮去掉。

注意：不允许修改窗体对象中未涉及的控件和属性,不允许修改窗体对象和宏对象"m1"。

二、问题分析

本实验涉及的知识点包括控件的使用及其属性的设置、窗体属性的设置以及宏的使用。

三、操作步骤

（1）打开"图书管理"数据库。

（2）右键单击"按编号查询读者信息"窗体,在弹出的快捷菜单中选择"设计视图"命令,打开窗体设计视图。单击窗体设计工具"设计"选项卡"控件"选项组中的"标签"按钮,在窗体页眉区中按住鼠标左键拖动鼠标画出一个矩形区域,松开鼠标左键。在矩形中输入文字"按编号查询读者信息"。选中该标签控件,单击"工具"选项组中的"属性表"按钮,打开"属性"任务窗格,在"全部"选项卡中,设置标签控件的"名称"为"bTitle",如图3-12所示。选择"格式"选项卡,设置"字体名称"为"黑体","字号"为18,"字体粗细"为"加粗",如图3-13所示。

图3-12　设置标签控件标题属性

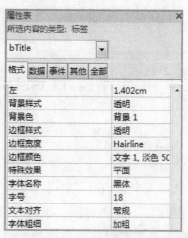

图3-13　设置标签控件文字属性

（3）单击窗体设计工具"设计"选项卡"控件"选项组中的"按钮"按钮，在窗体页脚区中按住鼠标右键拖动鼠标画出一个矩形区域，松开鼠标左键后弹出"命令按钮向导"对话框，单击"取消"按钮，界面如图 3-14 所示。选中该命令按钮控件，在"属性表"任务窗格中选择"全部"选项卡，设置"名称"为"bList"，"标题"为"显示详细信息"。在"事件"选项卡下设置"单击"属性为宏对象"m1"。

（4）单击"按编号查询读者信息"窗体的"窗体选定器"按钮，在"属性表"任务窗格"格式"选项卡中，设置该窗体的"标题"为"按编号查询读者信息"。在"全部"选项卡中设置该窗体的"导航按钮"属性为"否"，如图 3-15 所示。

图 3-14　绘制的命令按钮

图 3-15　设置窗体属性

（5）单击快速访问工具栏中的"保存"按钮，保存该窗体。

四、知识拓展

事件是对象能够识别的可以做出反应的动作，是在数据库中执行的一种特殊操作，当此动作发生于某一个对象上时，其对应的事件便会被触发。而事件过程是指在某事件发生时执行的代码。一般可以分为控件事件过程和窗体事件过程。

事件是预先定义好的活动，也就是说一个对象拥有哪些事件是由系统定义的，至于事件被引发后要执行什么内容，则由用户定义。宏运行的前提是有触发宏的事件发生。

五、课后练习

创建一个窗体，在窗体主体区中创建一个命令按钮控件，并设置该命令按钮控件的事件属性为打开另一个窗体。

实验 6　窗体综合操作二

一、实验任务

在文件夹中存放有"图书管理"数据库（文件名为图书管理.accdb）。该数据库中已经建立了宏对象"读者管理""图书管理""图书借还管理"和"统计查询"，以及窗体对象"m1"，在此基础上按照以下要求完成"m1"窗体的设计。

（1）在窗体主体区中距左边 2.5 cm、距上边 3.5 cm 处依次垂直放置四个命令按钮控件："读者管理"（名称为"bt1"）命令按钮控件、"图书管理"（名称为"bt2"）命令按钮控件、"图书借还管理"（名称为"bt3"）命令按钮控件，"统计查询"（名称为"bt4"）命令按钮控件，各个命令按钮控件的宽度均为 5.7 cm，高度均为 1.5 cm，每个命令按钮控件相隔 0.5 cm。

（2）设置窗体标题为"欢迎使用图书管理系统"。

（3）单击"读者管理"命令按钮控件时，运行宏对象"读者管理"，即可进行读者信息管理。

（4）单击"图书管理"命令按钮控件时，运行宏对象"图书管理"，即可进行图书信息管理。

（5）单击"图书借还管理"命令按钮控件时，运行宏对象"图书借还管理"，即可对图书借还信息进行管理。

（6）单击"统计查询"命令按钮控件时，运行宏对象"统计查询"，即可对数据进行统计。

二、问题分析

本实验涉及的知识点包括控件的使用及其属性的设置、窗体属性的设置及宏的使用。其中，宏的使用可以通过设置命令按钮控件的单击事件来实现。

三、操作步骤

（1）打开"图书管理"数据库，右键单击数据库窗口"所有 Access 对象"导航窗格中的"m1"窗体，在弹出的快捷菜单中选择"设计视图"命令，打开窗体设计视图。

（2）单击窗体设计工具"设计"选项卡"控件"选项组中的"按钮"按钮，在窗体页脚区中按住鼠标左键拖动鼠标画出一个矩形区域，松开鼠标左键后弹出"命令按钮向导"对话框，单击"取消"按钮。选中该命令按钮控件，单击"工具"选项组中的"属性表"按钮，在打开的"属性表"任务窗格"全部"选项卡中，设置命令按钮的"名称"为"bt1"，"标题"为"读者管理"，"左边距"为2.5 cm，"上边距"为3.5 cm，"宽度"为5.7 cm，"高度"为1.5 cm。属性设置如图3-16所示。用同样的方法设置另外三个命令按钮控件。它们的左边距、宽度和高度相同，上边距分别设置为5.5 cm（bt2）、7.5 cm（bt3）、9.5 cm（bt4）。

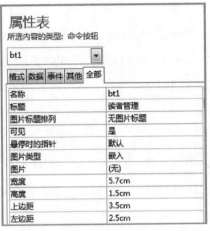

图3-16　设置命令按钮控件bt1属性

（3）单击"窗体选定器"按钮，在"属性表"任务窗格中选择"全部"选项卡，设置窗体的"标题"为"欢迎使用图书管理系统"。属性设置如图3-17所示。

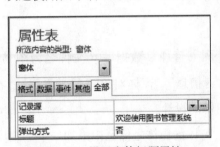

图3-17　设置窗体标题属性

（4）选中"bt1"命令按钮控件，在"属性表"任务窗格中选择"事件"选项卡，在"单击"下拉列表中选择宏对象"读者管理"。属性设置如图3-18所示。用同样的方法设置"bt2""bt3"和"bt4"命令按钮控件的"单击"属性。

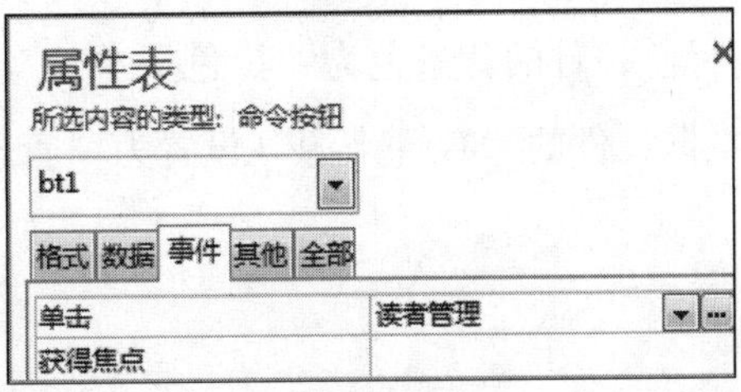

图3-18　设置命令按钮控件的"单击"属性

（5）单击快速访问工具栏中的"保存"按钮。单击窗体设计工具"设计"选项卡"视图"选项组中的"视图"按钮，选择"窗体视图"选项，切换到窗体视图，查看效果。

四、知识拓展

宏是用于完成某一特定任务的若干个操作的组合，当执行宏时，就会按照宏的定义依次执行相应的操作，每个操作都能够自动实现特定的功能。在 Access 中，可以为宏定义各种类型的操作，如打开并执行查询、打开指定的窗体以及预览报表等。在具体应用中，当用户需要反复做同一个操作时，就可以利用宏来完成。

五、课后练习

创建一个窗体，在窗体主体区中创建三个命令按钮控件，并设置这些命令按钮控件的事件属性分别为通过宏命令打开另一个窗体、报表和数据表。

实验 7 窗体综合操作三

一、实验任务

在文件夹中存放有"图书管理"数据库（文件名为图书管理. accdb）。该数据库中已经建立了表对象"读者信息"、窗体对象"登录界面"，在此基础上按照以下要求继续完成"登录界面"窗体的设计。

（1）在"登录界面"窗体的窗体主体区中添加一个标签控件，其名称为"bTitle"，标题为"登录界面"。

（2）设置"登录界面"标签控件的字体名称为"黑体"，字号为 18，字体粗细为"加粗"。

（3）设置"Command1"命令按钮控件的单击属性为"事件过程"。

（4）设置"Label2"标签控件的背景色为"黑色文本"。

（5）将"Text0"文本框控件的"控件来源"设置为"管理员信息"表的"编号"字段。

二、问题分析

本实验涉及的知识点包括控件的使用及其属性的设置、窗体属性的设置及宏的使用。

三、操作步骤

（1）打开"图书管理"数据库。

（2）右键单击"登录界面"窗体，在弹出的快捷菜单中选择"设计视图"命令，打开窗体设计视图。单击窗件设计工具"设计"选项卡"控件"选项组中的"标签"按钮，在窗体主体区中按住鼠标左键拖动鼠标画出一个矩形区域，松开鼠标左键。在矩形中输入文字"登录界面"。选中该标签控件，单击"工具"选项组中的"属性表"按钮，在打开的"属性表"任务窗格"全部"选项卡中，设置标签控件的"名称"为"bTitle"。

（3）选中"登录界面"标签控件，在"属性表"任务窗格的"全部"选项卡中，设置"字体名称"为"黑体"，"字号"为18，"字体粗细"为"加粗"，属性设置如图 3-19 所示。

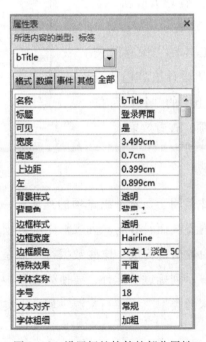

图 3-19　设置标签控件的部分属性

（4）选中"Command1"命令按钮控件，在"属性表"任务窗格"事件"选项卡中设置其"单击"属性为"事件过程"，如图 3-20 所示。

（5）选中"Label2"标签控件，在"属性表"任务窗格中，设置"背景色"为"黑色文本"，如图 3-21 所示。

图 3-20　设置命令按钮控件的"单击"属性

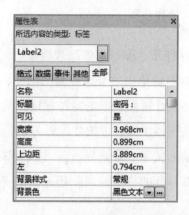

图 3-21　设置标签控件的背景色

（6）选中"Text0"文本框控件，在"属性表"任务窗格的"全部"选项卡中，设置文本框的"控件来源"为"管理员信息"表的"编号"字段，如图 3-22 所示。

（7）单击快速访问工具栏"保存"按钮，保存该窗体。单击窗体设计工具栏"设计"选项卡"视图"选项组中的"视图"按钮，选择"窗体视图"选项，查看效果。

图 3-22　设置文本框控件的"控件来源"

四、知识拓展

Access 中的列表框控件是用于显示一组选项的列表。一般情况下，从列表框中选取一个选项比输入相应的值要快而且容易。列表框中的选项能够确保输入字段的值是正确的。列表框中的列表由数据行构成。这些数据行可以是一列，也可以是多列，而且每一列都可以显示或不显示列标题。此外，要使列表框中显示某个字段或查询的内容，可以通过设置其"行来源类型"或"行来源"属性来实现。

五、课后练习

创建一个窗体，在窗体主体区中创建两个列表框控件，并设置第一个列表框控件的"行来源类型"为"字段列表"，"行来源"为"读者信息"表的"姓名"字段，另一个列表框控件的"行来源类型"为"表/查询"，"行来源"为 SQL 查询语句"SE-LECT 读者信息. 姓名 FROM 读者信息"。

实验 8 窗体综合操作四

一、实验任务

在文件夹中存放有"图书管理"数据库（文件名为图书管理. accdb）。该数据库中已经建立了表对象"读者信息"、窗体对象"读者信息管理"和宏对象"m1"，在此基础上按照以下要求完成"读者信息管理"窗体的设计。

（1）在窗体页眉区中添加一个标签控件，其名称为"bTitle"，标题显示为"读者信息管理界面"。

（2）将窗体主体区中"读者编号"标签控件右侧的文本框控件内容设置为"读者信息"表的"读者号"字段值，并将该文本框控件更名为"tRD"。

（3）在窗体页脚区中添加一个命令按钮控件，其名称为"bOk"，标题为"返回主界面"。

（4）设置"返回主界面"命令按钮控件的单击属性为宏对象"m1"。

（5）将窗体标题设置为"读者信息管理"。

注意：不允许修改窗体对象中未涉及的属性，不允许修改宏对象"m1"。

二、问题分析

本实验涉及的知识点包括控件的使用及其属性的设置、窗体属性的设置及宏的使用。

三、操作步骤

（1）打开"图书管理"数据库。

（2）右键单击"读者信息管理"窗体，在弹出的快捷菜单中选择"设计视图"命令，打开窗体设计视图。单击窗体设计工具"设计"选项卡"控件"选项组中的"标签"按钮，在窗体页眉区中按住鼠标左键拖动鼠标画出一个矩形区域，松开鼠标左键。在矩形中输入文字"读者信息管理界面"。选中该标签控件，单击"属性表"任务窗格，在"全部"选项卡中，设置标签控件的"名称"为"bTitle"。

（3）选中"读者编号"标签控件右侧的文本框，在"属性表"任务窗格中选择"全部"选项卡，设置其"名称"为"tRD"，在"控件来源"下拉列表中选择"读者号"，如图 3-23 所示。

（4）单击窗体设计工具"设计"选项卡"控件"选项组中的"按钮"按钮，在窗体页脚区中按住鼠标左键拖动鼠标画一个矩形区域，松开鼠标左键后弹出一个"命令按钮向导"对话框，单击"取消"按钮。选中该命令按钮控件，在"属性表"任务窗格中选择"全部"选项卡，设置"名称"为"bOk"，"标题"为"返回主界面"，如图 3-24 所示。在"事件"选项卡下设置"单击"属性为宏对象"m1"，如图 3-25 所示。

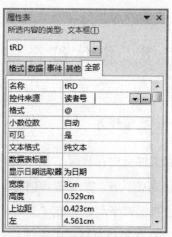

图 3-23　文本框控件属性设置

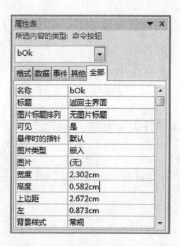

图 3-24　命令按钮控件属性设置

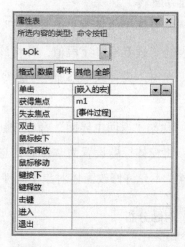

图 3-25　命令按钮控件宏设置

（5）单击窗体的"窗体选定器"按钮，打开"属性表"任务窗格，在其中的"格式"选项卡中设置该窗体的"标题"为"读者信息管理"。

（6）单击快速访问工具栏"保存"按钮，保存该窗体。

（7）单击窗体设计工具"设计"选项卡"视图"选项组中的"视图"按钮，选择"窗体视图"选项，切换到窗体视图，查看效果。

四、知识拓展

组合框控件结合了文本框和列表框的特征。当希望可以选择是键入值还是从预定义列表中选择值时，即可使用组合框。此外，要使组合框中显示某个字段或查询的内容，可以通过设置其"行来源类型"或"行来源"属性来实现。

五、课后练习

创建一个窗体，在窗体主体区中创建两个组合框控件，并设置第一个组合框控件的"行来源类型"为"字段列表","行来源"为"读者信息"表的"姓名"字段；设置另一个组合框控件的"行来源类型"为"表/查询","行来源"为 SQL 查询语句"SELECT 读者信息. 姓名 FROM 读者信息"。

实验 9　窗体综合操作五

一、实验任务

在文件夹中存放有"图书管理"数据库（文件名为图书管理. accdb）。该数据库中已经建立了窗体对象"读者信息查询"和宏对象"读者信息报表"，在此基础上按照以下要求继续完成"读者信息查询"窗体的设计。

（1）设置"读者信息查询"窗体中两个命令按钮控件的 Tab 键索引顺序（即 Tab 键焦点移动顺序）为从名为"Command1"的命令按钮控件到名为"Command4"的命令按钮控件。

（2）将"读者信息查询"窗体上"Command1""Command2"和"Command3"三个命令按钮控件的宽度都设置为 2 cm，高度都设置为 0.8 cm，左边距都设置为 4 cm，另外再设置"Command1""Command2""Command3"和"Command4"四个命令按钮控件在垂直方向上均匀分布。

（3）将"读者信息查询"窗体页眉区中名为"bTitle"的标签控件的文字颜色改为红色（代码为"#FF0000"）。同时，将"Command4"命令按钮控件的单击属性设置为宏对象"读者信息报表"，以完成单击命令按钮打开报表的操作。

二、问题分析

本实验涉及的知识点包括窗体中 Tab 键索引顺序的设置、控件属性的设置、窗体属性的设置及宏的使用。

三、操作步骤

（1）打开"图书管理"数据库。

（2）右键单击"读者信息查询"窗体，在弹出的快捷菜单中选择"设计视图"命令，打开窗体设计视图。在窗体主体区中右键单击，在弹出的快捷菜单中选择"Tab 键次序"命令，弹出"Tab 键次序"对话框，在"自定义次序"列表框中选择"Command4"按钮，如图 3-26 所示，将其拖动到"Command1"按钮的后面，单击"确定"按钮。

图 3-26 设置 Tab 键次序

（3）按住 Shift 键依次单击"Command1""Command2"和"Command3"命令按钮控件，同时选中三个命令按钮控件，单击窗体设计工具"设计"选项卡"工具"选项组中的"属性表"按钮，在打开的"属性表"任务窗格中选择"格式"选项卡，设置"宽度"为 2 cm，"高度"为 0.8 cm，"左边距"为 4 cm。然后再按住 Shift 键依次单击"Command1""Command2""Command3"和"Command4"命令按钮控件，同时选中这四个命令按钮控件，单击"排列"选项卡"调整大小和排序"选项组中的"大小/空格"按钮，在打开的下拉菜单中选择"垂直相等"选项。然后单击快速访问工具栏中的"保存"按钮，保存窗体。

（4）右键单击"读者信息查询"窗体，在弹出的快捷菜单中选择"设计视图"命令，打开窗体设计视图。选中窗体页眉区中的"bTitle"标签控件，在"属性表"任务窗格的"格式"选项卡中设置"前景色"为"#FF0000"，属性设置如图 3-27 所示。选中"Command4"命令按钮，在"事件"选项卡下设置"单击"属性为宏对象"读者信息报表"，属性设置如图 3-28 所示。单击快速访问工具栏中的"保存"按钮，保存窗体。

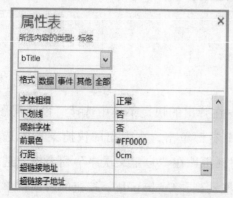

图 3-27 设置"bTitle"标签控件的前景色

图 3-28 设置命令按钮控件"单击"属性

四、知识拓展

在创建 Access 应用程序时，经常会用到通过 Tab 键和 Enter 键方式跳转到下一控件和触发事件的功能。但在实际创建窗体时，一般会在窗体中添加很多控件，可以通过设置每个控件的 Tab 键索引属性来指定其切换顺序，设置方式有以下两种。

（1）在窗体设计视图下，选中要设置的控件在其"属性表"任务窗格"其他"选项卡中，通过设置"Tab 键索引"属性来设置切换顺序（默认第一个顺序是从"0"开始的，依次往后排序）。

（2）在窗体上右键单击，在弹出的快捷菜单中选择"Tab 键次序"命令，在打开的"Tab 键次序"对话框中单击"自动排序"按钮，单击"确定"按钮即可按调整后的顺序自动排序。

五、课后练习

创建一个窗体，在窗体主体区中创建多个控件，并利用上述知识拓展中介绍的两种方式来设置控件之间的 Tab 键索引顺序。

实验 10　窗体综合操作六

一、实验任务

在文件夹中存放有"图书管理"数据库（文件名为图书管理. accdb）。该数据库中已经建立了窗体对象"读者信息管理"和宏对象"mEmp"，在此基础上按照以下要求继续完成"读者信息管理"窗体的设计。

（1）将"读者信息管理"窗体的窗体页眉区中名称为"bTitle"的标签控件的标题在标签区居中显示，同时将其安排在距上边距 0. 5 cm、距左侧 5 cm 的位置。

（2）将窗体主体区中的"读者类型号"文本框控件的"名称"改为"读者类型"，并依据记录源的"读者类型号"字段值在该文本框中显示信息（注：读者类型号为 1 时显示"学生"，读者类型号为 2 时显示"教师"）。

（3）将窗体主体区中名为"Label5"的标签控件的文字颜色改为红色（代码为"#FF0000"）。

（4）将窗体页脚区中名为"Command7"的命令按钮控件的单击属性设置为"mEmp"。

二、问题分析

本实验涉及的知识点包括窗体控件的使用、IIF 函数的使用及宏的使用。

三、操作步骤

（1）打开"图书管理"数据库。

（2）右键单击"读者信息管理"窗体，在弹出的快捷菜单中选择"设计视图"命令，打开窗体设计视图。选中"bTitle"标签，单击窗体设计工具"设计"选项卡"工具"选项组中的"属性表"按钮，打开"属性表"任务窗格，在其中的"格式"选项卡下设置"文本对齐"属性为"居中"，"上边距"为 0.5 cm，"左"为 5 cm。属性设置如图 3-29 所示。

（3）选中"读者类型号"文本框控件，在"属性表"任务窗格中选择"全部"选项卡，设置"名称"为"读者类型"，"控件来源"为"=IIF（[读者类型号]="1"，"学生"，"教师"）"，属性设置如图 3-30 所示。单击快速访问工具栏中的"保存"按钮，保存窗体。

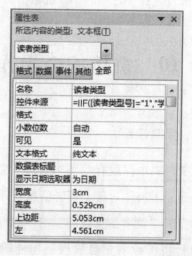

图 3-29　设置"bTitle"标签控件属性　　图 3-30　设置"读者类型号"文本框控件属性

（4）右键单击"读者信息管理"窗体，在弹出的快捷菜单中选择"设计视图"命令，打开窗体设计视图。选中"Label5"标签控件，在"属性表"任务窗格"格式"选项中设置"前景色"为"#FF0000"。属性设置如图 3-31 所示。选中"Command7"命令按钮控件，在"属性表"任务窗格中选择"事件"选项卡，设置"单击"属性为宏对象"mEmp"。属性设置如图 3-32 所示。单击快速访问工具栏中的"保存"按钮，保存窗体。

图 3-31 设置 "Labe15" 标签控件属性　　图 3-32 设置 "Command7" 命令按钮控件属性

四、知识拓展

IIF 函数是 VBA 中的一个常用函数，其功能是根据表达式的值返回两部分中的一个。其基本语法为

IIF（expr，truepart，falsepart）

IIF 函数中的参数功能如下。

expr：必要参数；用来判断真伪的表达式。

truepart：必要参数；如果 expr 为 True，则返回这部分的值或表达式。

falsepart：必要参数；如果 expr 为 False，则返回这部分的值或表达式。

五、课后练习

利用 "图书借阅信息" 表创建一个窗体，在窗体主体区中创建一个文本框控件，并让该文本框控件根据读者的借阅天数来判断是否超期（如果还书日期减去借阅日期的天数大于 30 天，就显示 "超期"，否则显示 "未超期"）。

单元四
报表

实验1 报表基本操作一

一、实验任务

（1）将"管理员信息"报表的报表页眉区中名为"bTitle"的标签控件的标题显示设置为"管理员基本信息表"，同时将其安排在距上边0.5 cm、距左侧5 cm的位置。

（2）设置"管理员信息"报表的主体区内"tSex"文本框控件显示"性别"字段的数据。

（3）将报表对象"管理员信息"的记录源设置为表对象"tAdmin"。

二、问题分析

本实验涉及的知识点包括报表及控件属性的设置。

三、操作步骤

（1）打开"图书管理"数据库。

（2）右键单击"管理员信息"报表，在弹出的快捷菜单中选择"设计视图"命令，打开报表设计视图。在报表主体区中添加"bTitle"标签控件，选中"bTitle"标签控件，在报表设计工具"设计"选项卡中单击"工具"选项组中的"属性表"按钮，打开"属性表"任务窗格。在其中的"格式"选项卡下设置该标签控件"标题"为"管理员基本信息表"，"上边距"为0.5 cm，"左"为5 cm，如图4-1所示。

（3）添加"tSex"文本框控件，选中"tSex"文本框控件，在"属性表"任务窗格中选择"数据"选项卡，设置"控件来源"为"性别"字段，如图4-2所示。单击快速访问工具栏中的"保存"按钮，保存报表。

图4-1 标签控件属性设置

图4-2 文本框控件属性设置

（4）右键单击"管理员信息"报表，在弹出的快捷菜单中选择"设计视图"命令，打开"管理员信息"报表设计视图。单击"报表选定器"按钮，打开报表"属性表"任务窗格，在"数据"选项卡中设置"记录源"为表"tAdmin"。单击快速访问工具栏中的"保存"按钮，保存报表。

四、知识拓展

在报表的诸多属性中，数据源（记录源）属性是最重要的属性，如果要进行数据展示或报表编辑，那么数据源是必须指定的。

有两种方法指定报表数据源：其一，利用报表向导创建报表时，选择来源表或查询；其二，在报表"属性表"任务窗格中设置"记录源"属性。

五、课后练习

打开一个报表，并通过报表"属性表"任务窗格设置其记录源为不同的表或查询，并查看结果。

实验 2　报表基本操作二

一、实验任务

在文件夹中存放有"图书管理"数据库（文件名为图书管理 accdb）。该数据库中已建立了报表对象"读者信息"，在此基础之上按照以下要求完成报表设计。

（1）在报表的报表页眉区中添加一个标签控件，其标题是"读者信息"，并命名为"bTitle"。

（2）将报表主体区中名为"Auto_Date"的文本框控件的显示内容设置为当前系统时间。

（3）在报表的页面页脚区中添加一个计算控件，用来输出页码，命名为"tPage"。规定页码显示格式为"当前页/总页数"，如 1/20、2/20 等。

二、问题分析

本实验涉及的知识点包括控件的使用及其属性设置，绑定控件和计算控件的使用。

三、操作步骤

（1）打开"图书管理"数据库。

（2）右键单击"读者信息"报表，在弹出的快捷菜单中选择"设计视图"命令，打开报表设计视图。单击报表设计工具"设计"选项卡"控件"选项组中的"标签"按钮，在报表页眉区中按住鼠标左键拖动鼠标画一个矩形区域，松开鼠标左键，在矩形中输入"读者信息"。选中该标签控件，单击"工具"选项组中的"属性表"按钮，打开"属性表"任务窗格。在"属性表"任务窗格中选择"全部"选项卡，设置标签控件的"名称"为"bTitle"。

（3）选中报表主体区中名为"Auto_Date"的文本框，在"属性表"任务窗格中选择"数据"选项卡，设置"控件来源"为"当前系统时间"。属性设置如图 4-3 所示。

（4）单击"控件"选项组中的"文本框"按钮，在报表页面页脚区中按住鼠标左键拖动鼠标画一个矩形区域，松开鼠标左键。选中该文本框控件，在"属性表"任务窗格中选择"全部"选项卡，设置其名称为"tPage"。在数据选项卡"控件来源"文本框中输入"=[Page]&"/"&[Pages]"，如图 4-4 所示。

图 4-3 设置"Auto_Date"文本框
控件的"控件来源"

图 4-4 设置"tPage"文本框
控件的"控件来源"

（5）单击快速访问工具栏中的"保存"按钮，保存该报表。

四、知识拓展

文本框控件可以用来显示指定的数据，也可以用来输入或编辑数据以实现窗体与用户的交互。它有三种类型：绑定型、非绑定型与计算型。绑定型文本框控件从表、查询或 SQL 中获得所需的内容；非绑定型文本框控件并没有链接到某个字段，一般用来显示提示信息或接收用户输入的数据等；在计算型文本框控件中，可以设置文本框控件的"控件来源"为一个表达式。当表达式发生变化时，数值就会被重新计算。

五、课后练习

打开"图书管理"数据库中的任意报表，利用文本框控件在报表的页面页脚区中创建一个控件，并显示形式为"第 i 页/共 n 页"的信息。

实验 3　报表基本操作三

一、实验任务

（1）设置表对象"读者信息"中"出生日期"字段的有效性规则为 1994 年 1 月 1 日（含）以后的时间，有效性文本设置为"输入 1994 年以后的日期"。

（2）设置"读者信息"报表按照"性别"字段升序（先男后女）排列输出，将报表页面页脚区内名为"tPage"的文本框控件设置为以"-页码/总页数-"的形式（如 -1/15-、-2/15-等）来显示页码。

二、问题分析

本实验涉及的知识点包括表对象中有效性规则和有效性文本的使用，报表中排序和计算控件的使用。

二、操作步骤

（1）打开"图书管理"数据库。

（2）右键单击"读者信息"表，在弹出的快捷菜单中选择"设计视图"命令，打开"读者信息"表设计视图。单击"出生日期"字段行，选择"常规"选项卡，在"有效性规则"文本框中输入"> =#1994-1-1#"，在"有效性文本"文本框中输入"输入 1994 年以后的日期"。单击快速访问工具栏中的"保存"按钮，保存该表。

（3）右键单击"读者信息"报表，在弹出的快捷菜单中选择"设计视图"命令，打开"读者信息"报表设计视图。单击报表设计工具"设计"选项卡"分组和汇总"选项组中的"分组和排序"按钮，出现"分组、排序和汇总"窗口。单击"添加排序"按钮，选择排序依据为"性别"，排序次序设置为"升序"，如图 4-5 所示。

图 4-5　设置排序方法

（4）选中报表页脚区的"tPage"文本框控件，单击"工具"选项组中的"属性表"按钮，打开"属性表"任务窗格。在"全部"选项卡"控件来源"文本框中输入"="－"&［Page］&"/"&［Pages］&"－""，设置文本框页码，如图4-6所示。单击快速访问工具栏中的"保存"按钮，保存该报表。

图4-6　设置文本框页码

四、知识拓展

在报表的实际应用过程中，经常需要按照某个指定的顺序来排列记录，例如，按照成绩由高到低排列等，称为报表"排序"操作。要实现对报表输出记录的排序，有两种方式：一种方式是在使用报表向导创建报表时，根据提示设置报表中的记录排序；另一种方式是在报表设计视图下由用户自己定义记录排序方式。

五、课后练习

利用"读者信息"表创建一个多项目的报表，并让记录先按照"性别"字段，再按照"出生日期"字段进行排序输出。

实验4　报表综合操作一

一、实验任务

在文件夹中存放有"图书管理"数据库（文件名为图书管理.accdb）。该数据库中已经建立了表对象"图书信息"，同时还有以"图书信息"表为数据源的报表对象

"图书信息"，在此基础上按照以下要求完成报表设计。

（1）在报表的报表页眉区中添加一个标签控件，其名称为"bTitle"，标题为"图书信息"，字体名称为"宋体"，字号为22，字体粗细为"加粗"，为倾斜字体。

（2）在"作者"字段标题对应的报表主体区中添加一个文本框控件，其中显示出"作者"字段值，并将其命名为"tName"。

（3）在报表的报表页脚区中添加一个计算控件，要求依据"图书编号"来计算并显示图书的册数。计算控件放置在"图书种类"标签的右侧，将计算控件命名为"bCount"。

（4）将报表标题设置为"图书信息"。

注意：不允许改动数据库文件中的表对象"图书信息"，同时也不允许修改报表对象"图书信息"中已有的控件和属性。

二、问题分析

本实验涉及的知识点包括标签控件的使用、绑定控件、计算控件的使用以及报表的属性设置。

三、操作步骤

（1）打开"图书管理"数据库。

（2）右键单击"图书信息"报表，在弹出的快捷菜单中选择"设计视图"命令，打开报表设计视图。单击报表设计工具"设计"选项卡"控件"选项组中的"标签"按钮，在该报表页眉区中拖动鼠标画一个矩形区域，在矩形中输入文字"图书信息"。选中该标签控件，单击"工具"选项组中的"属性表"按钮，打开"属性表"任务窗格，选择"全部"选项卡，设置标签控件的"名称"为"bTitle"，"字体名称"为"宋体"，"字号"为22，"字体粗细"为"加粗"，"倾斜字体"属性为"是"。属性设置如图4-7所示。

（3）单击"控件"选项组中的"文本框"按钮，在"作者"字段标题对应的报表主体区中按住鼠标左键拖动鼠标画一个矩形区域，松开鼠标左键。选中该文本框控件，在"属性表"任务窗格中选择"全部"选项卡，设置文本框的"名称"为"tName"，"控件来源"为"作者"字段，属性设置如图4-8所示。

（4）单击"控件"选项组中的"文本框"按钮，在报表页脚区中"图书种类"标签的右侧按住鼠标左键拖动鼠标画一个矩形区域，松开鼠标左键。选中该文本框控件，在"属性表"任务窗格中选择"全部"选项卡，设置文本框的"名称"为"bCount"，在"控件来源"文本框中输入"=Count（［图书编号］）"。

图 4-7　设置"bTitle"标签控件的属性

图 4-8　设置"tName"文本框控件的属性

（5）单击"报表选定器"按钮，打开报表"属性表"任务窗格，在"格式"选项卡下，设置报表标题为"图书信息"。

（6）单击快速访问工具栏中的"保存"按钮，保存报表。

四、知识拓展

在 Access 中，Count 函数的功能是返回匹配指定条件的记录数。它的用法有 Count(*)或者 Count([字段])等形式。该函数还可以和分组功能相结合，分组统计记录数。

五、课后练习

利用"读者信息"表来创建一个报表，要求利用分组功能和 Count 函数来分别统计并显示男读者和女读者的人数。

实验 5 报表综合操作二

一、实验任务

在文件夹中存放有"图书管理"数据库（文件名为图书管理. accdb）。该数据库中已经建立了表对象"读者信息"，同时还设计出以"读者信息"表为数据源的报表对象"读者信息"，在此基础上按照以下要求完成报表设计。

（1）在报表的报表页眉区中添加一个标签控件，其名称为"bTitle"，标题显示为"读者信息"。

（2）在报表主体区中添加一个文本框控件，显示"姓名"字段。该文本框控件放置在距上边 0.1 cm、距左边 3.2 cm 处，并将其命名为"tName"。

（3）在报表的报表页脚区中添加一个计算控件，显示系统年、月、日，显示格式为××××年××月（注：不允许使用格式属性）。计算控件放置在距上边 0.3 cm、距左边 10.5 cm 处，并将其命名为"tDa"。

（4）按"读者号"字段的前 4 位分组统计每组记录的民族数量，并将统计结果显示在组页脚区，将计算控件命名为"tCount"。

注意：不允许改动数据库中的表对象"读者信息"，同时也不允许修改报表对象"读者信息"中已有的控件和属性。

二、问题分析

本实验涉及的知识点包括标签控件的使用、绑定控件、计算控件的使用及分组统计。

三、操作步骤

（1）打开"图书管理"数据库。

（2）右键单击"读者信息"报表，在弹出的快捷菜单中选择"设计视图"命令，打开报表设计视图。单击报表设计工具"设计"选项卡"控件"选项组中的"标签"按钮，在该报表页眉区中按住鼠标左键拖动鼠标画一个矩形区域，在矩形中输入文字

"读者信息"。选中该标签控件，单击"工具"选项组中的"属性表"按钮，打开"属性表"任务窗格，选择"全部"选项卡，设置标签控件的"名称"为"bTitle"。

（3）单击"控件"选项组中的"文本框"按钮，在报表主体区中按住鼠标左键拖动鼠标画一个矩形区域，松开鼠标左键。选中该文本框控件，在"属性表"任务窗格中选择"全部"选项卡，设置该文本框控件的"名称"为"tName"。选择"格式"选项卡，设置"上边距"为0.1 cm，"左边距"为3.2 cm。选择"数据"选项卡，设置"控件来源"为"姓名"字段。

（4）单击"控件"选项组中的"文本框"按钮，在报表页面页脚区中按住鼠标左键拖动鼠标画一个矩形区域，松开鼠标左键。选中该文本框控件，在"属性表"任务窗格中选择"全部"选项卡，设置该文本框控件的"名称"为"tDa"。选择"格式"选项卡，设置"上边距"为0.1 cm，"左边距"为10.5 cm。选择"数据"项卡，在"控件来源"文本框中输入"= Year(Date( ))&"年"&Month(Date ( ))&"月""。

（5）单击"分组和汇总"选项组中的"分组和排序"按钮，出现"分组、排序和汇总"窗口。单击"添加组"按钮，在"选择字段"的下拉列表中选择"读者号"字段，如图4-9所示。单击"更多"按钮，打开更多选项。单击"按整个值"右侧的下拉按钮，选择"自定义"选项，并设置"字符"为4，如图4-10所示。设置页眉节为"无页眉节"，页脚节为"有页脚节"，如图4-11所示。

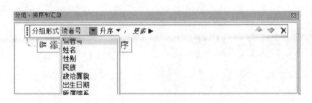

图 4-9　选择分组字段为"读者号"

图 4-10　设置分组依据

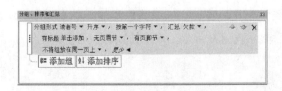

图 4-11　设置页眉节和页脚节

（6）单击"控件"选项组中的"文本框"按钮，在组页脚区中按住鼠标左键拖动鼠标画一个矩形区域，松开鼠标左键。选中该文本框控件，在"属性表"任务窗格中选择"全部"选项卡，设置文本框控件的"名称"为"tCount"。选择"数据"项卡，在"控件来源"文本框中输入"=Count（[民族]）"。

（7）单击快速访问工具栏中的"保存"按钮，保存报表。

四、知识拓展

报表中的分组功能就是通过将报表记录输出按照某个字段值划分成组来进行一些统计操作并输出统计信息。例如，可以按照性别分组统计人数，按照班级分组统计平均分数等。

五、课后练习

（1）利用"读者信息"表创建一个报表，按照一页多个项目的形式显示读者信息，并按照性别进行分组显示。

（2）利用"读者信息"表来创建一个报表，按照一页多个项目的形式显示读者信息，并按照政治面貌进行分组显示。

（3）利用"读者信息"表来创建一个报表，按照一页多个项目的形式显示读者信息，要求先按照性别，再按照政治面貌进行分组显示。

实验6 报表综合操作三

一、实验任务

在文件夹中存放有"图书管理"数据库（文件名为图书管理.accdb）。该数据中已经建立了表对象"读者信息"和报表对象"读者信息"，按以下功能要求完成报表设计。

（1）将表对象"读者信息"中的"简历"字段的数据类型改为备注型，同时在表对象"读者信息"的表结构中调换"民族"和"政治面貌"两个字段的位置。

（2）在报表"读者信息"的主体区中创建"tOpt"复选框，该复选框依据报表记录源的"性别"字段和"出生日期"字段的值来显示状态信息（注：性别"女"且出生日期在1995年之后显示为选中状态，否则显示为不选中状态）。

二、问题分析

本实验涉及的知识点包括修改表的字段类型、调整字段的顺序、报表中计算控件以及 IIF 函数的使用。

三、操作步骤

(1) 打开"图书管理"数据库。

(2) 右键单击表对象"读者信息",在弹出的快捷菜单中选择"设计视图"命令,打开表设计视图。选中"简历"字段,把"数据类型"改为"备注"。单击"政治面貌"字段行,按住鼠标左键把"政治面貌"字段拖到"民族"字段前。单击快速访问工具栏中的"保存"按钮,保存该表。

(3) 右键单击"读者信息"报表,在弹出的快捷菜单中选择"设计视图"命令,打开报表设计视图。在报表主体区中添加"tOpt"复选框控件,选中"tOpt"复选框控件,单击报表设计工具"设计"选项卡"工具"选项组中的"属性表"按钮,打开"属性表"任务窗格。在"全部"选项卡"控件来源"文本框中输入"=IIF([性别]="男" And [出生日期]>1995,True,False)",属性设置如图 4-12 所示。单击快速访问工具栏中的"保存"按钮,保存报表。

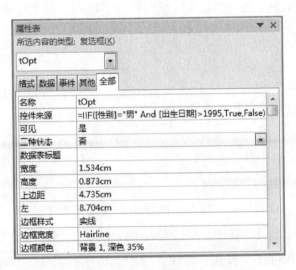

图 4-12 设置"tOpt"复选框控件的"控件来源"

四、知识拓展

复选框(CheckBox)控件是一种在窗体中用得很广泛的控件。该控件由一个小方框以及与之绑定的标签文本组成。小方框可以通过单击鼠标选中或不选中(选中状态影响了复选框控件的值,选中为 True,不选中为 False),利用它可以实现窗体中二值选项的显示。例如,为了显示一个读者是否结婚、是否是党员等,就可以通过复选框控件来实现。

五、课后练习

利用"图书借阅信息"表来创建一个报表，利用复选框控件来显示每个读者借书是否超期，即如果还书日期减去借阅日期的天数大于 30 天，就选中复选框，否则不选中复选框。

实验 7 报表综合操作四

一、实验任务

在文件夹中存放有"图书管理"数据库（文件名为图书管理.accdb）。该数据库中已建立了报表对象"读者信息"，按以下功能要求完成报表设计。

（1）将报表记录数据按照先姓名升序再按照出生日期降序排列显示。

（2）设置相关属性，使页面页脚区域内名为"Text1"的文本框控件实现以下格式的页码输出："1/20"，"2/20"，"3/20"，…，"20/20"。

二、问题分析

本实验涉及的知识点包括报表属性的设置。

三、操作步骤

（1）打开"图书管理"数据库。

（2）右键单击"读者信息"报表，在弹出的快捷菜单中选择"设计视图"命令，打开"读者信息"报表设计视图。单击报表设计工具"设计"选项卡"分组和汇总"选项组中的"分组和排序"按钮，出现"分组、排序和汇总"窗口。单击"添加排序"按钮，选择"排序依据"为"姓名"，排序次序设置为"升序"；再单击"添加排序"按钮，选择"排序依据"为"出生日期"，排序次序设置为"降序"，设置结果如图 4-13 所示。

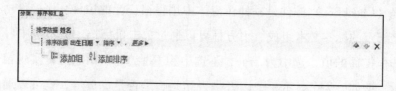

图 4-13 设置报表中数据的排序次序

（3）单击报表页脚区的文本框控件"Text1"，单击"工具"选项组中的"属性表"按钮，打开"属性表"任务窗格。在"数据"选项卡"控件来源"文本框中输入"=［Page］&"/"&［Pages］"，如图 4-14 所示。单击快速访问工具栏中的"保存"按钮，保存该表。

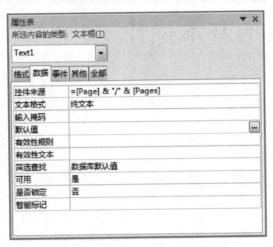

图 4-14 设置"Text1"文本框控件页码输出格式

四、知识拓展

利用图像控件可以在报表或窗体中添加图片。例如，可以利用图像控件在打印报表页上添加一个徽标。

五、课后练习

任意打开一个报表，然后在该报表的报表页眉区中添加一个图像控件，并设置好图片属性。

单元五
宏的基本操作

实验 1 打开"主界面"窗体和"图书借还管理"窗体

一、实验任务

新建一个宏，保存并命名为"宏例 1"，其功能是打开"读者信息"表和"图书借阅信息"表。

二、问题分析

本实验是为了加深对宏的理解，掌握宏的创建方法，并掌握宏的测试和使用方法。

三、操作步骤

（1）打开"图书管理"数据库。

（2）单击"创建"选项卡"宏与代码"选项组中的"宏"按钮，打开宏设计视图，如图 5-1 所示。

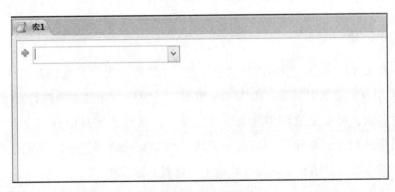

图 5-1 宏设计视图

（3）在"操作"列第一行单元格的下拉列表中选择"OpenForm"命令，在"窗体名称"参数框中选择窗体对象"主界面"，如图 5-2 所示。

（4）在"操作"列第二行单元格的下拉列表中选择"OpenForm"命令，在"窗体名称"参数框中选择窗体对象"图书借还管理"，如图 5-3 所示。

（5）单击快速访问工具栏中的"保存"按钮保存该宏，并将其命名为"宏例 1"，然后关闭其设计界面。

（6）在 Access 2010 窗口左侧"所有 Access 对象"导航窗格中双击名称为"宏例 1"的宏，即运行该宏，查看运行效果，可以看到依次打开了"主界面"窗体和"图书借还管理"窗体。

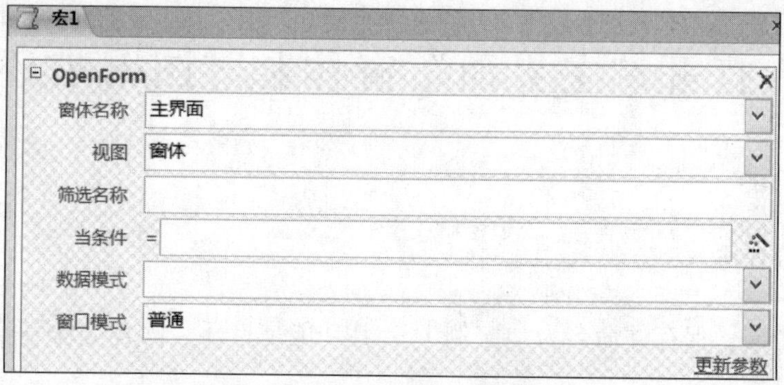

图 5-2   OpenForm 命令设计界面一

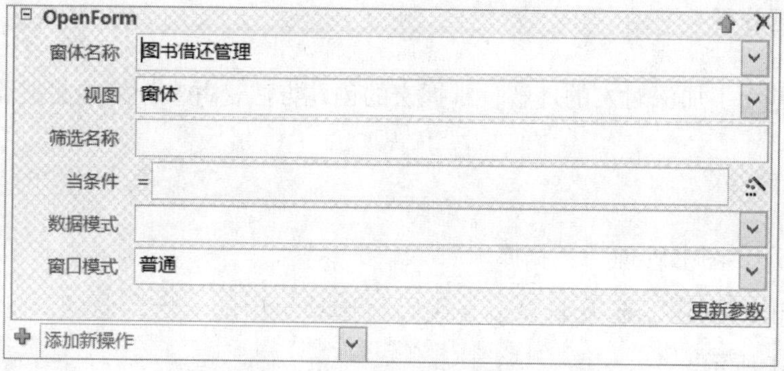

图 5-3   OpenForm 命令设计界面二

四、知识拓展

宏是一些操作的集合，使用这些"宏操作"（简称"宏"）可以使用户更加方便、快捷地操纵 Access 数据库系统。在 Access 数据库系统中，通过直接执行宏或者使用包含宏的用户界面，可以完成许多复杂的人工操作；而在许多其他数据库管理系统中，要想完成同样的操作，必须采用编程的方法。编写宏的时候，不需要记住各种语法，每个宏操作的参数都显示在宏的设计环境里，设置非常简单。

五、课后练习

以"读者信息"表作为数据源创建一个"读者借还书管理"窗体，用"条件宏"来实现从"主界面"窗体打开该窗体。

实验 2   更新记录

一、实验任务

新建一个宏组，保存并命名为"宏例2"，其功能是更新读者信息。

二、问题分析

创建窗体后，使用 GoToRecord 宏完成对应的宏功能。

三、操作步骤

（1）打开"读者信息管理"窗体，如图 5-4 所示。

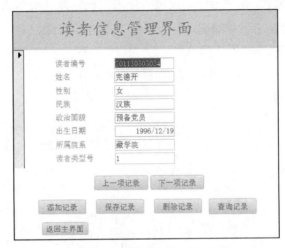

图 5-4　"读者信息管理"窗体

（2）单击"创建"选项卡"宏与代码"选项组中的"宏"按钮，打开宏设计视图，创建一个宏组，包括两个宏操作，名称分别为"上一项记录"和"下一项记录"，每个宏操作对应于一个命令按钮的功能。具体操作如下。

① 进入宏编辑界面。在"添加新操作"下拉列表中选择"GoToRecord"命令，如图 5-5 所示，并设置其"对象类型"为窗体，"对象名称"为"读者信息管理"窗体，"记录"为"向前移动"，"偏移量"为"=1"（输入表达式），即每单击一次"上一项记录"命令按钮，就显示当前记录的前一条记录。右键单击，在弹出的快捷菜单中选择"生成子宏程序块"命令，输入宏操作（子宏）的名称"上一项记录"。

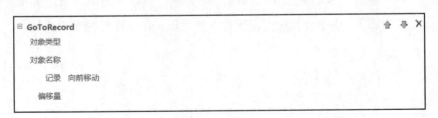

图 5-5　"上一项记录"子宏的参数设置

② 用同样的方法编辑"下一项记录"宏操作。在第二个"添加新操作"下拉列表中选择"GoToRecord"命令，如图 5-6 所示，并设置其"对象类型"为窗体，"对象

名称"为"读者信息管理"窗体，"记录"为"向后移动"，"偏移量"为"=1"（输入表达式），即每单击一次"下一项记录"命令按钮，就显示当前记录的后一条记录。右键单击，在弹出的快捷菜单中选择"生成子宏程序块"命令，输入宏操作（子宏）的名称"下一项记录"。

③ 单击快速访问工具栏中的"保存"按钮，保存宏组并将宏组命名为"宏例2"。

（3）在"读者信息管理"窗体设计视图中，选中"上一项记录"按钮，在其"属性表"任务窗格"事件"选项卡中，设置"单击"属性为"宏例2.上一项记录"宏操作。用同样的方法设置"下一项记录"按钮的"单击"属性。

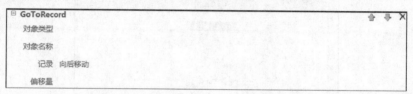

图5-6　"下一项记录"子宏的参数设置

（4）完成上述操作后，对窗体进行测试。

四、知识拓展

Access可以对窗体、报表或控件中的多种类型事件做出响应，包括鼠标单击、数据更改以及窗体或报表打开或关闭等。在设计视图中打开窗体或报表，将窗体、报表或控件的事件属性设置为宏的名称；如果使用的是事件过程，则可以设为"事件过程"。

五、课后练习

（1）以"读者信息"表作为数据源创建一个"读者信息"报表，用"条件宏"来实现在该报表中筛选出年龄大于等于20岁的读者。

（2）在图5-4所示的"读者信息管理"窗体中再添加两个命令按钮，命名为"第一项记录"和"最后一项记录"，用于显示该窗体对应数据源的第一条记录和最后一条记录，并在"宏例3"中添加相应的宏操作，然后设置命令按钮的"单击"属性。

单元六

模块与 VBA 程序设计

实验 1　两位数加法题

一、实验任务

新建模块，编写程序完成随机出一道两位数加法题让小学生回答，如答对了，显示"正确!"；否则显示"错误!"。

二、问题分析

该问题的关键点在于掌握生成随机数的方法，以及人机交互的方法。针对答题正确与否分别显示不同的结果则需要使用分支结构。

三、操作步骤

（1）新建数据库"Database1"，单击"数据库工具"选项卡"宏"选项组"Visual Basic"按钮，进入 Microsoft Visual Basic for Applications（VBA）界面，如图 6-1 所示。

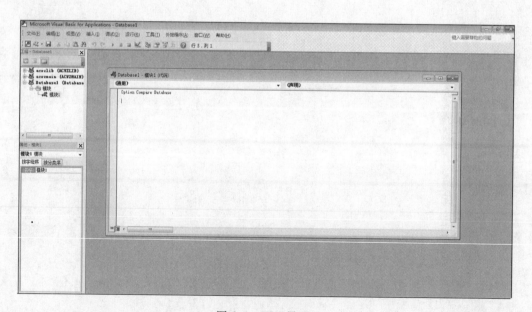

图6-1　VBE 界面

（2）在"插入"菜单下选择"模块"命令，生成新模块"模块 1"，如图 6-2 所示。

（3）在模块 1 代码窗口中输入如下程序代码：

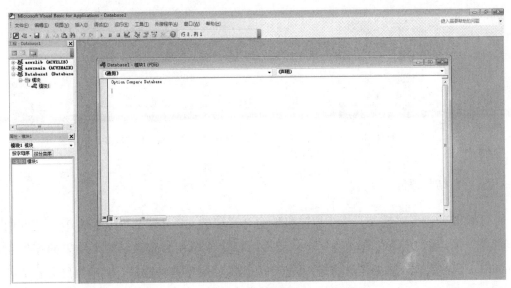

图 6-2　生成模块 1

```
Sub Test(   )
    Dim a As Integer,b As Integer
    Dim nSum As Integer
    a = 10+Int( Rnd( ) * 90)
    b = 10+Int( Rnd( ) * 90)
    nSum = Val( InputBox( a & "+"& b & " = ?","加法"))
    If nSum = a+b Then MsgBox( "正确!")
    If nSum<>a+b Then MsgBox( "错误!")
End Sub
```

四、实验结果

（1）单击"运行"菜单中的"运行子过程/用户窗体"命令，可执行该程序，如图 6-3 所示。

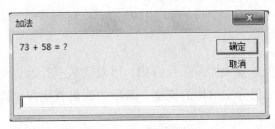

图 6-3　InputBox 输入窗口

（2）若输入正确，则弹出如图 6-4 所示的窗口。

（3）若输入错误，则弹出如图 6-5 所示的窗口。

图 6-4 输入正确时 MsgBox 显示窗口   图 6-5 输入错误时 MsgBox 显示窗口

五、总结与评价

本实验使读者熟悉 Access 生成随机数的 Rnd 函数，Rnd 函数可以生成 0~1 之间的随机数，所以做 10+Int(Rnd( )*90) 变换可以生成两位数整数。输入结果的窗口用 InputBox 函数实现。需要注意的是，InputBox 函数接收字符型数据，其输出结果作为外层 Val 函数的输入值，最后返回数值型数据。后面使用两个一路分支语句实现了二路分支的功能。在后面学习了二路分支结构以后，这一部分请读者自行改写。

六、课后练习

编写程序实现求任意半径的圆面积。

要求及提示：输入半径用 InputBox 函数实现，输出面积用 MsgBox 函数实现。如果输入正数，则显示圆面积；如果输入负数，则显示"输入错误!"。

实验 2 计算购买水果的金额

一、实验任务

新建模块，编写程序完成：输入购买水果的数量及单价，如果购买三斤及以上水果，购买金额就打七折，计算并输出购买金额。

二、问题分析

购买水果的数量可以分为购买三斤以内，以及购买三斤及以上两种情况，因此此程序的关键在于掌握二路分支结构的用法。最后的输出直接在立即窗口显示（注：不使用 MsgBox 函数）。

三、操作步骤

（1）打开本单元实验 1 创建的数据库 "Database1"，并插入新的模块 "模块 2"。

（2）在模块 2 的代码窗口中输入如下程序代码：

```
Sub Buy(  )
    Dim qty As Integer,price As Single
    Dim money As Single
    qty=Val(InputBox("请输入购买斤数","购买数量"))
    price=Val(InputBox("请输入单价","单价"))
    If qty<3 Then
        money=price*qty
    Else
        money=price*qty*0.7
    End If
    Debug.Print"购买金额="+Str(money)+"元"
End Sub
```

四、实验结果

（1）单击"视图"菜单中的"立即窗口"命令，打开立即窗口。再单击"运行"菜单中的"运行子过程/用户窗体"命令执行该程序，如图 6-6 所示。

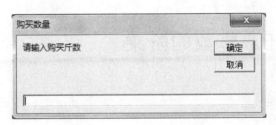

图 6-6　InputBox 输入窗口

（2）输入购买斤数后，输入单价，如图 6-7 所示。

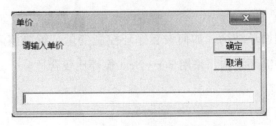

图 6-7　InputBox 输入窗口

（3）若输入斤数 2，单价 4.5，则立即窗口的显示如图 6-8 所示。

（4）若输入斤数 5，单价 6，则立即窗口的显示如图 6-9 所示。

图 6-8 输入斤数 2，单位 4.5 时的立即窗口   图 6-9 输入斤数 5，单位 6 时的立即窗口

五、总结与评价

本实验重点在于练习 If…Else…End If 结构以实现二路分支，并练习如何使用 Debug. Print 在立即窗口中输出表达式的值。

六、课后练习

编写程序实现求任意一元二次方程的实数根。

要求及提示：一元二次方程的实根分为有两个不同的实根、有两个相等的实根，以及没有实根三种情况，所以需要使用多路分支结构。

实验 3   求任意整数的阶乘

一、实验任务

新建模块，编写程序实现求任意整数的阶乘。

二、问题分析

此问题需要使用循环结构，如何设置循环控制变量是解决该问题的关键。对于能提前确定循环次数的循环结构，采用 For…Next 循环比较合适。

三、操作步骤

（1）打开本单元实验 1 创建的数据库 "Database1"，并插入新的模块 "模块 3"。

（2）在模块 3 的代码窗口中输入如下程序代码：

```
Sub Jc()
Dim p As Long,mAs Integer
```

```
m=Val(InputBox("请输入需要求阶乘的数:","求阶乘"))
p=1
For i=1 To m
    p=p*i
Next i
Debug.Print Str(m) &"的阶乘 p ="& p
End Sub
```

四、实验结果

（1）单击"视图"菜单中的"立即窗口"命令，打开立即窗口。单击"运行"菜单中的"运行子过程/用户窗体"命令执行该程序，如图 6-10 所示。

（2）输入 7 后，立即窗口的显示如图 6-11 所示。

图 6-10　InputBox 输入窗口

图 6-11　立即窗口

五、总结与评价

本实验重点在于练习 For…Next 循环的用法，练习时要注意理解循环控制变量 i 的作用。

六、课后练习

1. 试用 Do While … Loop 循环完成求任意数阶乘的程序。

2. 试用 Do Until … Loop 循环完成求任意数阶乘的程序。

3. 求解斐波那契数列前 30 项的值，将结果存储在一维数组 f 中，并要求将结果在立即窗口中输出。

提示：斐波那契数列定义为 f(1)=1，f(2)=1，f(n)=f(n-1)+f(n-2)，n>=3。

实验 4　计算两个数的加、减、乘、除

一、实验任务

建立如图 6-12 所示的"简易计算器"窗体，实现两个数加、减、乘、除的计算。

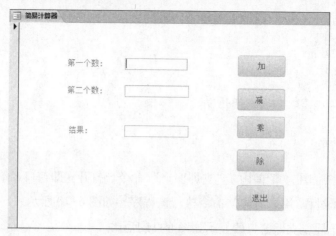

图 6-12 "简易计算器"窗体

二、问题分析

此实验考察的是面向对象编程的基本能力。解决这个问题的关键是为各命令按钮的单击事件写出正确的过程代码，以完成相应的功能。

三、操作步骤

（1）建立如图 6-12 所示的"简易计算器"窗体。注意，窗体的标题设置为"简易计算器"，窗体包含三个文本框控件、三个标签控件、五个命令按钮控件，并设置好相应的属性。

（2）单击"加"命令按钮控件（即名称为"Command22"的命令按钮控件），在"属性表"任务窗格中选择"事件"选项卡，如图 6-13 所示。

（3）单击"单击"右侧的"选择生成器"按钮，在打开的"选择生成器"对话框中选择"代码生成器"命令，如图 6-14 所示。

图 6-13 "加"命令按钮控件的"属性表"任务窗格　　图 6-14 "选择生成器"对话框

（4）在"Command22"命令按钮控件的"Click"事件代码窗口中输入如下代码：

```
Private Sub Command22_Click()
Text20.Value=Val(Text16.Value) + Val(Text18.Value)
End Sub
```

如图 6-15 所示。

图 6-15　"Command22"命令按钮控件的"Click"事件代码

（5）同样为"减"命令按钮控件（名称为"Command23"的命令按钮控件）、"乘"命令按钮控件（名称为"Command24"的命令按钮控件）、"除"命令按钮控件（名称为"Command25"的命令按钮控件）和"退出"命令按钮控件（名称为"Command26"的命令按钮控件）的"Click"事件分别输入如下代码：

```
Private Sub Command23_Click()
Text20.Value=Val(Text16.Value) - Val(Text18.Value)
End Sub


Private Sub Command24_Click()
Text20.Value=Val(Text16.Value) * Val(Text18.Value)
End Sub


Private Sub Command25_Click()
Text20.Value=Val(Text16.Value) /Val(Text18.Value)
End Sub


Private Sub Command26_Click()
```

```
DoCmd.Close
End Sub
```

如图 6-16 所示。

图 6-16 "简易计算器"窗体的事件代码

四、实验成果

在"简易计算器"窗体视图（如图 6-17 所示）中，随意输入两个数，分别单击"加""减""乘""除"和"退出"命令按钮，然后观察效果。

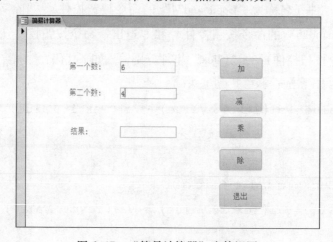

图 6-17 "简易计算器"窗体视图

五、总结与评价

本实验练习了如何用面向对象编程的方式实现窗体的复杂功能，通过本实验和前面对宏的练习可以清楚地看到，宏只能完成一组或几组固定的常用操作，对于本实验所涉及的问题，宏是无法胜任的。另外，在"退出"命令按钮控件的"Click"事件代码中，用到了 DoCmd 对象的 Close 方法。DoCmd 对象还有很多的方法能实现不同的功能，在以后的练习中要逐渐熟悉。

六、课后练习

1. 设计如图 6-18 所示的"等级计算"窗体，实现为输入的成绩打等级。其中，
成绩>=90 为优秀；
成绩>=80 and 成绩<90 为良好；
成绩>=60 and 成绩<80 为及格；
成绩<60 为不及格。

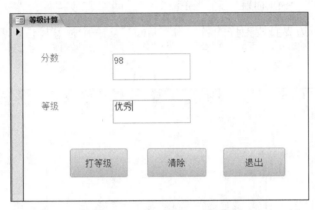

图 6-18 "等级计算"窗体视图

单击"清除"按钮，可以清空"分数"和"等级"文本框；单击"退出"按钮可以退出窗体视图。

实验 5 创建"跑动的字母"窗体程序

一、实验任务

创建一个"跑动的字母"的窗体程序，如图 6-19 所示。让字母"A"从左边竖线向右移动，当接触到右边竖线时又从左边竖线处出现，即"跑马灯"效果。下面有四个按钮，其标题分别为"START""STOP""SPEED+"和"SPEED-"。在该窗体视图中，当单击"START"命令按钮时，"A"标签开始向右移动；当单击"STOP"命令按钮时，"A"标签停止移动；当单击"SPEED+"命令按钮时，"A"标签加速向右移动；当单击"SPEED-"命令按钮时，"A"标签减缓向右移动。

二、问题分析

利用窗体的计时器和时间间隔来实现相关功能。通过改变标签的"Left"属性的值来实现移动。通过改变时间间隔来实现加速和减速以及启动和停止。两条直线控件则为移动的边界。

三、操作步骤

（1）创建如图 6-19 所示的"跑动的字母"窗体，其中包含四个命令按钮，名称分别为"Command4""Command5""Command6""Command7"，对应的标题分别为"START""STOP""SPEED+"和"SPEED-"。两个直线控件，左边界直线控件的名称为"Line1"，右边界直线控件的名称为"Line2"。一个标签控件，名称为"Label3"，标题为"A"。

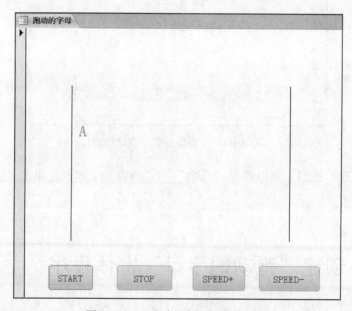

图 6-19   "跑动的字母"窗体视图

（2）将窗体 Form 对象的时间间隔属性的初值设置为 0，分别编写四个命令按钮的"Click"事件以及窗体的"Timer"事件的代码如下：

```
Private Sub Command4_Click()
Form.TimerInterval = 50
End Sub


Private Sub Command5_Click()
Form.TimerInterval = 0
```

```
End Sub

Private Sub Command6_Click()
Form.TimerInterval = Form.TimerInterval - 10
End Sub

Private Sub Command7_Click()
Form.TimerInterval = Form.TimerInterval + 10
End Sub

Private Sub Form_Timer()
If Label3.Left < Line2.Left - Label3.Width Then
Label3.Left = Label3.Left + 50
Else
Label3.Left = Line1.Left
End If
End Sub
```

如图 6-20 所示。

图 6-20　"跑动的字母"窗体事件代码窗口

四、实验成果

在"跑动的字母"窗体视图下,分别单击"START""STOP""SPEED+"和"SPEED-"四个命令按钮,仔细观察字母"A"移动的变化。

五、总结与评价

本实验体现了计时器事件的独特功能，试分析在一个窗体中，能不能设置多个计时器，即实现两个以上不同时间间隔的计时器触发事件。

单元七

综合自测题

表操作题

表操作题1

操作要求

（1）在"表操作题1"文件夹下的"samp1"数据库（文件名为 samp1.accdb）中建立"职工"表，其结构如表7-1所示。

表7-1 "职工"表结构

字段名称	数据类型	字段大小	格式
职工编号	文本	5	
姓名	文本	4	
性别	文本	1	
年龄	数字	整型	
工作时间	日期/时间		短日期
学历	文本	5	
职称	文本	5	
邮箱密码	文本	6	
联系电话	文本	8	
在职否	是/否	5	是/否

（2）根据"职工"表结构，判断并设置主键。

（3）设置"工作时间"字段的有效性规则属性为只能输入上一年度7月1日（含）以前的日期（规定：本年度年号必须用函数获取）。

（4）将"在职否"字段的默认值设置为真值。

（5）设置"联系电话"字段的输入掩码，要求前四位为"028-"，后8位为数字。

（6）设置"邮箱密码"字段的输入掩码为将输入的密码显示为六位星号。

（7）将"性别"字段值的输入设置为"男"和"女"列表选择。

（8）在"职工"表中输入两条记录，内容如表7-2所示。

表7-2 "职工"表中的记录

职工编号	姓名	性别	年龄	工作时间	学历	职称	邮箱密码	联系电话	在职否
21401	王凯	男	45	1992-9-8	本科	高工	547816	85522103	√
21402	李珊	女	28	2009-9-3	研究生	工程师	854893	61812309	√

表操作题 2

操作要求

在"表操作题2"文件夹中存放有"samp1"数据库（文件名为samp1.accdb），以及一个Excel文件（学生.xlsx）和一个照片文件（照片.bmp），按以下要求完成表的建立和修改。

（1）将学生.xlsx导入"samp1"数据库。

（2）创建一个名为"部门"的新表，其结构如表7-3所示。

表7-3 "部门"表结构

字段名称	类型	字段大小
部门编号	文本	16
部门名称	文本	10
房间号	数字	整型

（3）判断并设置"部门"表的主键。

（4）设置"部门"表中"房间号"字段的有效性规则属性，保证其输入的数在100~900之间（不包括100和900）。

（5）向"部门"表中输入新记录，内容如表7-4所示。

表7-4 "部门"表新记录

部门编号	部门名称	房间号
001	计科学院	103
002	政治学院	304
003	经济学院	416

（6）在"学生"表中添加一个新字段，字段名称为"照片"，数据类型为"OLE对象"。设置"宋媛媛"记录的"照片"字段数据为"表操作题2"文件夹中的照片.bmp图像文件。

表操作题 3

操作要求

在"表操作题3"文件夹中存放有"samp1"数据库（文件名为samp1.accdb）。该数据库已经完成了表"tDoctor""tOffice""tPatient"和"tSubscribe"的设计，按以下要求完成各种操作。

（1）在"samp1"数据库中建立一个新表，命名为"tNurse"，其结构如表7-5所示。

表 7-5 "tNurse" 表结构

字段名称	数据类型	字段大小
护士 ID	文本	8
护士姓名	文本	6
年龄	数字	整型
工作日期	日期/时间	

（2）判断并设置表"tNurse"的主键。

（3）设置"护士姓名"字段为必需字段，"工作日期"字段的默认值为系统当前日期的后一天。

（4）设置"年龄"字段的有效性规则和有效性文本属性。有效性规则属性设置为输入的年龄必须在 22~40 岁（含 22 和 40 岁）之间，有效性文本属性设置为"年龄应在 22 岁到 40 岁之间"。

（5）如表 7-6 所示，将其数据输入"tNurse"表。

表 7-6 "tNurse" 表新记录

护士 ID	护士姓名	年龄	工作日期
001	李霞	30	2000 年 10 月 1 日
002	王义民	24	1998 年 8 月 1 日
003	周敏	26	2003 年 6 月 1 日

（6）通过相关字段建立"tDoctor"表、"tOffice"表、"tPatient"表和"tSubscribe"表之间的关系，并设置实施参照完整性。

表操作题 4

操作要求

在"表操作题 4"文件夹中存放有文本文件 tTest. txt 和"samp1"数据库（文件名为 samp1. accdb），并且在"samp1"数据库中已建立了表对象"tStud"和"tScore"，按以下要求完成表的各种操作。

（1）将"tScore"表的"学号"字段和"课程号"字段设置为复合主键。

（2）设置"tStud"表中的"年龄"字段的有效性文本属性为"年龄值应大于16"，然后删除"tStud"表结构中的"照片"字段。

（3）设置表"tStud"的"入校时间"字段的有效性规则属性为只能输入 1 月（含）到 10 月（含）的日期。

（4）设置表对象"tStud"的记录行显示高度为 20。

（5）完成上述操作后，建立"tStud"表和"tScore"表之间的一对多关系，并设置实施参照完整性。

（6）将文本文件 tTest.txt 中的数据链接到当前数据库中，并将数据中的第一行作为字段名，链接表对象命名为"tTemp"。

表操作题 5

操作要求

在"表操作题 5"文件夹中，存放有"samp1"数据库（文件名为 samp1.accdb）。该数据库中已有 4 个表对象"tDoctor""tOffice""tPatient"和"tSubscribe"，按以下操作要求完成各种操作。

（1）分析"tSubscribe"表的字段构成，判断并为其设置主键。

（2）设置"tSubscribe"表中"医生 ID"字段的相关属性，使其接收的数据只能为第一个字符为"A"，第二个字符开始的三位只能是 0~9 之间的数字；并将该字段设置为必填字段；设置"科室 ID"字段的字段大小，使其与"tOffice"表中相关字段的字段大小一致。

（3）设置"tDoctor"表中"性别"字段的默认值属性为"男"；并为该字段创建查阅列表，列表中显示"男"和"女"两个值。

（4）删除"tDoctor"表中的"专长"字段，并设置"年龄"字段的有效性规则和有效性文本属性。将有效性规则属性设置为输入年龄必须在 18~60 岁（含 18 和 60 岁）之间，有效性文本属性设置为"年龄应在 18 岁到 60 岁之间"；取消对"年龄"字段值的隐藏。

（5）设置"tDoctor"表的显示格式，使表的背景色为"银白"，可选行颜色为"白色"。

（6）设置"tDoctor"表的显示格式，设置单元格效果为"凹陷"。

（7）通过相关字段建立"tDoctor"表、"tOffice"表、"tPatient"表和"tSubscribe"表之间的关系，并设置实施参照完整性。

查 询 操 作 题

查询操作题 1

操作要求：

在"查询操作题 1"文件夹中存放有"samp2"数据库（文件名为 samp2.accdb）。

该数据库中已经建立了三个关联表对象"tCourse""tCrade""tStudent"和一个空表"tTemp",按以下要求完成设计。

(1)创建一个查询,查找并显示含有不及格成绩的学生的"姓名""课程名"和"成绩"三个字段的内容,将所创建的查询命名为"qT1"。

(2)创建一个查询,计算每名学生的平均成绩,并按平均成绩降序依次显示"姓名""政治面貌""毕业学校"和"平均成绩"四个字段的内容,将所创建的查询命名为"qT2"。假设所用表中无重名。

(3)创建一个查询,统计每班每门课程的平均成绩,显示结果如图7-1所示,将所创建的查询命名为"qT3"。

班级	高等数学	计算机原理	专业英语
991021	68	76	83
991022	73	73	77
991023	74	77	72

图7-1 qT3查询结果

(4)创建一个查询,将男学生的"班级"字段、"学号"字段、"性别"字段、"课程名"字段和"成绩"字段的信息追加到"tTemp"表的对应字段中,将所创建的查询命名为"qT4"。

查询操作题2

操作要求

在"查询操作题2"文件夹中存放有"samp2"数据库(文件名为samp2. accdb)。该数据库中已经建立了两个表对象"tNorm"和"tStock",按以下要求完成设计。

(1)创建一个查询,计算产品最高储备与最低储备的差并输出,标题显示为"m-data",将所创建的查询命名为"qT1"。

(2)创建一个查询,查找库存数量超过10 000(不含)的产品,并显示"产品名称"和"库存数量",将所创建的查询命名为"qT2"。

(3)创建一个查询,按输入的产品代码查找某产品的库存信息,并显示"产品代码""产品名称"和"库存数量"。当运行该查询时,应显示提示信息"请输入产品代码",将所创建的查询命名为"qT3"。

(4)创建一个交叉表查询,统计并显示每种产品不同规格的平均单价,显示时行标题为产品名称,列标题为规格,计算字段为单价,将所创建的查询命名为"qT4"。交叉表查询不做各行小计。

查询操作题 **3**

操作要求

在"查询操作题 3"文件夹中存放有"samp2"数据库（文件名为 samp2. accdb）。该数据库中已经建立了表对象"tTeacher"、"tCourse"、"tStud"和"tGrade"，按以下要求完成设计。

（1）创建一个查询，查找并显示"教师姓名""职称""学院""课程 ID""课程名称"和"上课日期"六个字段的内容，将所创建的查询命名为"qT1"。

（2）创建一个查询，根据教师姓名查找某教师的授课情况，并按"上课日期"字段降序显示"教师姓名""课程名称""上课日期"三个字段的内容，将所创建的查询命名为"qT2"。当运行该查询时，应显示提示信息"请输入教师姓名"。

（3）创建一个查询，查找学生的课程成绩大于等于 80 且小于等于 100 的学生情况，显示"学生姓名""课程名称"和"成绩"三个字段的内容，将所创建的查询命名为"qT3"。

（4）创建一个查询，假设"学生 ID"字段的前四位代表年级，统计各个年级不同课程的平均成绩，显示"年级""课程 ID"和"平均成绩"字段的内容，并按"年级"降序排列，将所创建的查询命名为"qT4"。

查询操作题 **4**

操作要求

在"查询操作题 4"文件夹中存放有"samp2"数据库（文件名为 samp2. accdb）。该数据库中已经建立了表对象"tCollect""tpress"和"tType"，按以下要求完成设计。

（1）创建一个查询，查找收藏品中 CD 最高价格和最低价格的信息并输出，标题显示为"v_ Max"和"v_ Min"，将所创建的查询命名为"qT1"。

（2）创建一个查询，查找并显示价格大于 100 元并且购买日期在 2001 年（含）以后的"CDID""主题名称""价格""购买日期"和"介绍"五个字段的内容，将所创建的查询命名为"qT2"。

（3）创建一个查询，通过输入 CD 类型名称，查询并显示"CDID""主题名称""价格""购买日期"和"介绍"五个字段的内容，当运行该查询时，应显示提示信息"请输入 CD 类型名称"，将所创建的查询命名为"qT3"。

（4）创建一个查询，对"tType"表进行调整，将"类型 ID"等于"05"的记录中的"类型介绍"字段值更改为"古典音乐"，将所创建的查询命名为"qT4"。

查询操作题 5

操作要求

在"查询操作题 5"文件夹中存放有"samp2"数据库（文件名为 samp2. accdb）。该数据库中已经建立了三个关联表对象"tCourse""tGrade""tStudent"和一个空表"tSinfo"，按以下要求完成设计。

（1）创建一个查询，查找并显示"姓名""政治面貌""课程名"和"成绩"四个字段的内容，将所创建的查询命名为"qT1"。

（2）创建一个查询，计算每名选课学生所选课程的学分总和，并以此显示"姓名"和"学分"字段的内容，其中"学分"字段的内容为计算出的学分总和，将所创建的查询命名为"qT2"。

（3）创建一个查询，查找年龄小于平均年龄的学生，并显示其"姓名"字段的内容，将所创建的查询命名为"qT3"。

（4）创建一个查询，将所有学生的"班级编号""学号""课程名"和"成绩"字段的内容填入"tSinfo"表的对应字段，其中"班级编号"字段的内容是"tStudent"表中"学号"字段的前六位，将所创建的查询命名为"qT4"。

查询操作题 6

操作要求

在"查询操作题 6"文件夹中存放有"samp2"数据库（文件名为 samp2. accdb），该数据库中已经建立了表对象"tStaff""tSalary"和"tTemp"，按以下要求完成设计。

（1）创建一个查询，查找并显示职务为经理的员工的"工号""姓名""年龄"和"性别"四个字段的内容，将所创建的查询命名为"qT1"。

（2）创建一个查询，查找各位员工在 2005 年的工资信息，并显示"工号""工资合计"和"水电房租费合计"三个字段的内容。其中，"工资合计"和"水电房租费合计"两个字段的内容均由统计计算得到，将所创建的查询命名为"qT2"。

（3）创建一个查询，查找并显示员工的"姓名""工资""水电房租费"及"应发工资"四个字段的内容。其中"应发工资"字段的内容由计算得到，计算公式为应发工资＝工资−水电房租费，将所创建的查询命名为"qT3"。

（4）创建一个查询，将"tTemp"表的"年龄"字段值均加 1，将所创建的查询命名为"qT4"。

综合应用题

综合应用题 1

操作要求

在"综合应用题 1"文件夹中存放有"samp3"数据库（文件名为 samp3. accdb）。该数据库中已经建立了表对象"产品""供应商"，查询对象"按供应商查询"和宏对象"打开产品表""运行查询""关闭窗口"。创建一个名为"主窗体"的窗体，要求如下。

（1）对窗体进行如下设置：在主体区中距左边 1 cm、距上边 0.6 cm 处依次水平放置三个命令按钮控件，名称分别为"bt1""bt2""bt3"，命令按钮标题分别为"显示修改产品表""查询"和"退出"，命令按钮控件的宽度均为 2 cm，高度为 1.5 cm，相隔 1 cm。

（2）设置窗体的标题为"主菜单"。

（3）当单击"显示修改产品表"命令按钮时，运行宏"打开产品表"，就可以浏览"产品"表。

（4）当单击"查询"命令按钮时，运行宏"运行查询"，即可启动查询"按供应商查询"。

（5）当单击"退出"命令按钮时，运行宏"关闭窗口"，关闭"主窗体"窗体，返回数据库窗口。

综合应用题 2

操作要求

在"综合应用题 2"文件夹中存放有"samp3"数据库（文件名为 samp3. accdb）。该数据库中已经建立了窗体对象"ftest"及宏对象"m1"，按要求完成以下设计。

（1）在窗体的窗体页眉区中添加一个标签控件，其名称为"bTitle"，标题显示为"窗体测试样例"。

（2）在窗体主体区中添加两个复选框控件，名称分别为"opt1""opt2"，其标题分别显示为"类型 a""类型 b"，分别设置"opt1""opt2"复选框控件的默认值属性为假。

（3）在窗体页脚区中添加一个命令按钮控件，将其命名为"btest"，标题为"测试"。

（4）设置"btest"命令按钮控件的"单击"属性为宏对象"m1"。

（5）将窗体的标题设置为"测试窗体"。

综合应用题 3

操作要求

在"综合应用题 3"文件夹中存放有"samp3"数据库（文件名为 samp3. accdb），该数据库中已经建立了表对象"tband"和"tline"，同时还有一个以"tband"和"tline"为数据源的报表对象"rband"，按要求完成以下设计。

（1）在报表的报表页眉区中添加一个名为"bTitle"的标签控件，标题显示为"团队旅游信息表"，字体名称为"宋体"，字号为 22，字体粗细为"加粗"，字体倾斜为"是"。

（2）在"导游姓名"字段标题对应的报表主体区中添加一个控件，显示"导游姓名"字段值，并将其命名为"Tname"。

（3）在报表的报表页脚区中添加一个计算控件，要求根据"团队 ID"来计算并显示团队的个数。计算控件放置在"团队数:"标签的右侧，并将其命名为"Bcount"。

（4）将报表的标题设置为"团队旅游信息表"。

综合应用题 4

操作要求

在"综合应用题 4"文件夹中存放有"samp3"数据库（文件名为 samp3. accdb）。该数据库中已经建立了表对象"tstudent"、窗体对象"fquery"和"fstudent"，按以下要求完成"fquery"窗体的设计。

（1）在主体区中距左边 0.4 cm，距上边 0.4 cm 处添加一个矩形控件，名称为"rRim"。矩形宽度为 16.6 cm，高度为 1.2 cm，特殊效果为"凿痕"。

（2）将窗体中"退出"命令按钮控件上的文字颜色改为棕色（代码为"#800000"），字体粗细为"加粗"。

（3）将窗体的标题改为"显示查询信息"。

（4）将窗体边框样式改为"对话框边框"，取消窗体中的水平滚动条和垂直滚动条、记录选择器、导航按钮和分隔线。

（5）在窗体中有一个"显示全部记录"命令按钮（名称为"Blist"），单击该命令按钮后，应实现将"tstudent"表中的全部记录显示出来的功能。现已编写了部分代码，按照代码中的指示将代码补充完整。要求修改后运行该窗体，并查看修改结果。

```
Private Sub Command4_Click()
      BBB.Form.RecordSource = "SELECT * FROM tStudent WHERE 姓名
      LIKE '" & Me! [Text2] & "*"


End Sub


Private Sub bList_Click()
'************** 请在下面双引号内添入适当的 SELECT 语句 *************'
      BBB.Form.RecordSource = "SELECT * FROM tStudent"
'*************************************************************'
      [Text2] = ""
End Sub


Private Sub 命令7_Click()
      DoCmd.Close
End Sub
```

注意：程序代码只允许在"**************"与"************"之间的空行内进行补充，不允许增删和修改其他位置已存在的语句。

综合应用题 5

操作要求

在"综合应用题 5"文件夹中存放有"samp3"数据库（文件名为 samp3.accdb）。该数据库中已经建立了表对象"temp"和窗体对象"femp"，按以下要求完成"femp"窗体的设计。

（1）设置窗体对象"femp"的标题为"信息输出"。

（2）将窗体对象"femp"中名为"btitle"的标签控件的标题以红色显示。

（3）删除表对象"temp"中的"照片"字段。

（4）按照以下要求补充代码。打开窗体，单击"计算"命令按钮控件（名称为"bt1"），计算表对象"temp"中党员职工的平均年龄，并将结果显示在窗体的文本框"tage"内。

```
Private Sub bt_Click()
      Dim cn As New ADODB.Connection
      Dim rs As New ADODB.Recordset
```

```
    Dim strSQL As String
    Dim sage As Single


    '设置当前数据库连接
    Set cn=CurrentProject.Connection


    strSQL="SELECT Avg(年龄)FROM tEmp WHERE 党员否"


    rs.OpenstrSQL,cn,adOpenDynamic,adLockOptimistic


    '***** Add1 *****
    If rs.EOF Then
    '***** Add1 *****
        MsgBox"无党员职工的年龄数据"
        sage-0
        Exit Sub
    Else
        sage=rs.Fields(0)
    End If


    '***** Add2 *****
    tAge=sage
    '***** Add2 *****


    rs.Close
    cn.Close
    Set rs=Nothing
    Set cn=Nothing



End Sub
```

注意：程序代码只允许在"*****Add1/2*****"与"*****Add1/2*****"之间进行补充，不允许增删和修改其他位置已存在的语句。

附录

全国计算机等级考试二级
（Access 数据库程序设计）
公共基础知识部分模拟试题

一、全国计算机等级考试二级 （Access 数据库程序设计） 公共基础部分模拟试题一

1. 选择题

（1）下面叙述正确的是_____。（C）

A. 算法的执行效率与数据的存储结构无关

B. 算法的空间复杂度是指算法程序中指令（或语句）的条数

C. 算法的有穷性是指算法必须能在执行有限个步骤之后终止

D. 以上三种描述都不对

（2）以下数据结构中不属于线性数据结构的是_____。（C）

A. 队列 　　　　　B. 线性表 　　　　　C. 二叉树 　　　　　D. 栈

（3）在一棵二叉树上第 5 层的结点数最多是_____。（B）

A. 8 　　　　　B. 16 　　　　　C. 32 　　　　　D. 15

（4）下面描述中，符合结构化程序设计风格的是_____。（A）

A. 使用顺序、选择和重复（循环）三种基本控制结构表示程序的控制逻辑

B. 模块只有一个入口，可以有多个出口

C. 注重提高程序的执行效率

D. 不使用 goto 语句

（5）下面概念中，不属于面向对象方法的是_____。（D）

A. 对象 　　　　　B. 继承 　　　　　C. 类 　　　　　D. 过程调用

（6）在结构化方法中，用数据流程图（DFD）作为描述工具的软件开发阶段是_____。（B）

A. 可行性分析 　　　B. 需求分析 　　　C. 详细设计 　　　D. 程序编码

（7）在软件开发中，下面任务不属于设计阶段的是_____。（D）

A. 数据结构设计 　　　　　　　B. 给出系统模块结构

C. 定义模块算法 　　　　　　　D. 定义需求并建立系统模型

（8）数据库系统的核心是_____。（B）

A. 数据模型 　　　　　　　　　B. 数据库管理系统

C. 软件工具 　　　　　　　　　D. 数据库

（9）下列叙述中正确的是_____。（C）

A. 数据库是一个独立的系统，不需要操作系统的支持

B. 数据库设计是指设计数据库管理系统

C. 数据库技术的根本目标是要解决数据共享的问题

D. 数据库系统中，数据的物理结构必须与逻辑结构一致

（10）下列模式中，能够给出数据库物理存储结构与物理存取方法的是_____。（A）

A. 内模式　　　　　B. 外模式　　　　　C. 概念模式　　　　　D. 逻辑模式

（11）算法的时间复杂度是指_____。（C）

A. 执行算法程序所需要的时间

B. 算法程序的长度

C. 算法执行过程中所需要的基本运算次数

D. 算法程序中的指令条数

（12）下列叙述中正确的是_____。（A）

A. 线性表是线性结构　　　　　　　　B. 栈与队列是非线性结构

C. 线性链表是非线性结构　　　　　　D. 二叉树是线性结构

（13）设一棵完全二叉树共有 699 个结点，则在该二叉树中的叶子结点数为_____。（B）

A. 349　　　　　B. 350　　　　　C. 255　　　　　D. 351

（14）结构化程序设计主要强调的是_____。（B）

A. 程序的规模　　　　　　　　　　　B. 程序的易读性

C. 程序的执行效率　　　　　　　　　D. 程序的可移植性

（15）在软件生命周期中，能准确地确定软件系统必须做什么和必须具备哪些功能的阶段是_____。（D）

A. 概要设计　　　B. 详细设计　　　C. 可行性分析　　　D. 需求分析

（16）数据流图用于抽象描述一个软件的逻辑模型，数据流图由一些特定的图符构成。下列图符名标识的图符不属于数据流图合法图符的是_____。（A）

A. 控制流　　　　　B. 加工　　　　　C. 数据存储　　　　　D. 源和潭

（17）软件需求分析阶段的工作，可以分为四个方面：需求获取、需求分析、编写需求规格说明书以及_____。（B）

A. 阶段性报告　　　B. 需求评审　　　C. 总结　　　D. 都不正确

（18）下述关于数据库系统的叙述中正确的是_____。（A）

A. 数据库系统减少了数据冗余

B. 数据库系统避免了一切冗余

C. 数据库系统中数据的一致性是指数据类型的一致

D. 数据库系统比文件系统能管理更多的数据

（19）关系表中的每一行称为一个_____。（A）

A. 元组　　　　　B. 字段　　　　　C. 属性　　　　　D. 码

（20）数据库设计包括两个方面的设计内容，它们是_____。（A）

A. 概念设计和逻辑设计　　　　　　　B. 模式设计和内模式设计

C. 内模式设计和物理设计　　　　　D. 结构特性设计和行为特性设计

（21）算法的空间复杂度是指_____。（D）

A. 算法程序的长度　　　　　　　　B. 算法程序中的指令条数

C. 算法程序所占的存储空间　　　　D. 算法执行过程中所需要的存储空间

（22）下列关于栈的叙述中正确的是_____。（D）

A. 在栈中只能插入数据　　　　　　B. 在栈中只能删除数据

C. 栈是先进先出的线性表　　　　　D. 栈是先进后出的线性表

（23）在深度为 5 的满二叉树中，叶子结点的个数为_____。（C）

A. 32　　　　　B. 31　　　　　C. 16　　　　　D. 15

（24）对建立良好的程序设计风格，下面描述正确的是_____。（A）

A. 程序应简单、清晰、可读性好　　B. 符号名的命名要符合语法

C. 充分考虑程序的执行效率　　　　D. 程序的注释可有可无

（25）下面对对象概念描述错误的是_____。（A）

A. 任何对象都必须有继承性　　　　B. 对象是属性和方法的封装体

C. 对象间的通信靠消息传递　　　　D. 操作是对象的动态性属性

（26）下面不属于软件工程的三个要素的是_____。（D）

A. 工具　　　　B. 过程　　　　C. 方法　　　　D. 环境

（27）程序流程图（PFD）中的箭头代表的是_____。（B）

A. 数据流　　　B. 控制流　　　C. 调用关系　　　D. 组成关系

（28）在数据管理技术的发展过程中，经历了人工管理阶段、文件系统阶段和数据库系统阶段。其中数据独立性最高的阶段是_____。（A）

A. 数据库系统　　B. 文件系统　　C. 人工管理　　　D. 数据项管理

（29）用树形结构来表示实体之间联系的模型称为_____。（B）

A. 关系模型　　　B. 层次模型　　C. 网状模型　　　D. 数据模型

（30）关系数据库管理系统能实现的专门关系运算包括_____。（B）

A. 排序、索引、统计　　　　　　　B. 选择、投影、连接

C. 关联、更新、排序　　　　　　　D. 显示、打印、制表

（31）算法一般都可以用哪几种控制结构组合而成_____。（D）

A. 循环、分支、递归　　　　　　　B. 顺序、循环、嵌套

C. 循环、递归、选择　　　　　　　D. 顺序、选择、循环

（32）数据的存储结构是指_____。（B）

A. 数据所占的存储空间量

B. 数据的逻辑结构在计算机中的表示

C. 数据在计算机中的顺序存储方式

D. 存储在外存中的数据

（33）设有下列二叉树：

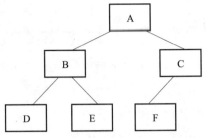

对此二叉树中序遍历的结果为_____。（B）

A. ABCDEF   B. DBEAFC   C. ABDECF   D. DEBFCA

（34）在面向对象方法中，一个对象请求另一个对象为其服务的方式是通过发送_____。（D）

A. 调用语句   B. 命令   C. 口令   D. 消息

（35）检查软件产品是否符合需求定义的过程称为_____。（A）

A. 确认测试   B. 集成测试   C. 验证测试   D. 验收测试

（36）下列工具中属于需求分析常用工具的是_____。（D）

A. PAD   B. PFD   C. N–S   D. DFD

（37）下面不属于软件设计原则的是_____。（C）

A. 抽象   B. 模块化   C. 自底向上   D. 信息隐蔽

（38）索引属于_____。（B）

A. 模式   B. 内模式   C. 外模式   D. 概念模式

（39）在关系数据库中，用来表示实体之间联系的是_____。（D）

A. 树结构   B. 网结构   C. 线性表   D. 二维表

（40）将 E-R 图转换到关系模式时，实体与联系都可以表示成_____。（B）

A. 属性   B. 关系   C. 键   D. 域

（41）在下列选项中，哪个不是一个算法一般应该具有的基本特征_____。（C）

A. 确定性   B. 可行性   C. 无穷性   D. 拥有足够的情报

（42）希尔排序法属于哪一种类型的排序法_____。（B）

A. 交换类排序法   B. 插入类排序法   C. 选择类排序法   D. 建堆排序法

（43）下列关于队列的叙述中正确的是_____。（C）

A. 在队列中只能插入数据   B. 在队列中只能删除数据

C. 队列是先进先出的线性表   D. 队列是先进后出的线性表

（44）对长度为 N 的线性表进行顺序查找，在最坏情况下所需要的比较次数为

_____。（B）

A. $N+1$　　　　　B. N　　　　　C. $(N+1)/2$　　　　　D. $N/2$

（45）信息隐蔽的概念与下述哪一种概念直接相关_____。（B）

A. 软件结构定义　　　　　　　　B. 模块独立性

C. 模块类型划分　　　　　　　　D. 模拟耦合度

（46）面向对象的设计方法与传统的面向过程的方法有本质不同，它的基本原理是_____。（C）

A. 模拟现实世界中不同事物之间的联系

B. 强调模拟现实世界中的算法而不强调概念

C. 使用现实世界的概念抽象地思考问题从而自然地解决问题

D. 鼓励开发者在软件开发的绝大部分中都用实际领域的概念去思考

（47）在结构化方法中，软件功能分解属于下列软件开发中的阶段是_____。（C）

A. 详细设计　　　B. 需求分析　　　C. 总体设计　　　D. 编程调试

（48）软件调试的目的是_____。（B）

A. 发现错误　　　B. 改正错误　　　C. 改善软件的性能　　　D. 挖掘软件的潜能

（49）按条件 f 对关系 R 进行选择，其关系代数表达式为_____。（C）

A. $R \bowtie R$　　　B. $R \bowtie R f$　　　C. $6f(R)$　　　D. $\prod f(R)$

（50）数据库概念设计的过程中，视图设计一般有三种设计次序，以下各项中不对的是_____。（D）

A. 自顶向下　　　B. 由底向上　　　C. 由内向外　　　D. 由整体到局部

（51）在计算机中，算法是指_____。（C）

A. 查询方法　　　　　　　　B. 加工方法

C. 解题方案的准确而完整的描述　　　　　D. 排序方法

（52）栈和队列的共同点是_____。（C）

A. 都是先进后出　　　　　　　　B. 都是先进先出

C. 只允许在端点处插入和删除元素　　　　　D. 没有共同点

（53）已知二叉树后序遍历序列是 dabec，中序遍历序列是 debac，它的前序遍历序列_____。（A）

A. cedba　　　B. acbed　　　C. decab　　　D. deabc

（54）在下列几种排序方法中，要求内存量最大的是_____。（D）

A. 插入排序　　　B. 选择排序　　　C. 快速排序　　　D. 归并排序

（55）在设计程序时，应采纳的原则之一是_____。（A）

A. 程序结构应有助于读者理解　　　　　B. 不限制 goto 语句的使用

C. 减少或取消注解行　　　　　　　D. 程序越短越好

（56）下列不属于软件调试技术的是_____。（B）

A. 强行排错法　　　B. 集成测试法　　　C. 回溯法　　　　　D. 原因排除法

（57）下列叙述中，不属于软件需求规格说明书的作用的是_____。（D）

A. 便于用户、开发人员进行理解和交流

B. 反映出用户问题的结构，可以作为软件开发工作的基础和依据

C. 作为确认测试和验收的依据

D. 便于开发人员进行需求分析

（58）在数据流图（DFD）中，带有名字的箭头表示_____。（C）

A. 控制程序的执行顺序　　　　　　B. 模块之间的调用关系

C. 数据的流向　　　　　　　　　　D. 程序的组成成分

（59）SQL 语言又称为_____。（C）

A. 结构化定义语言　　　　　　　　B. 结构化控制语言

C. 结构化查询语言　　　　　　　　D. 结构化操纵语言

（60）视图设计一般有三种设计次序，下列不属于视图设计的是_____。（B）

A. 自顶向下　　　B. 由外向内　　　C. 由内向外　　　D. 自底向上

（61）数据结构中，与所使用的计算机无关的是数据的_____。（C）

A. 存储结构　　　　　　　　　　　B. 物理结构

C. 逻辑结构　　　　　　　　　　　D. 物理和存储结构

（62）栈底至栈顶依次存放元素 A、B、C、D，在第五个元素 E 入栈前，栈中元素可以出栈，则出栈序列可能是_____。（D）

A. ABCED　　　　B. DBCEA　　　　C. CDABE　　　　D. DCBEA

（63）线性表的顺序存储结构和线性表的链式存储结构分别是_____。（B）

A. 顺序存取的存储结构、顺序存取的存储结构

B. 随机存取的存储结构、顺序存取的存储结构

C. 随机存取的存储结构、随机存取的存储结构

D. 任意存取的存储结构、任意存取的存储结构

（64）在单链表中，增加头结点的目的是_____。（A）

A. 方便运算的实现

B. 使单链表至少有一个结点

C. 标识表结点中首结点的位置

D. 说明单链表是线性表的链式存储实现

（65）软件设计包括软件的结构、数据接口和过程设计，其中软件的过程设计是指

_____。（B）

  A. 模块间的关系   B. 系统结构部件转换成软件的过程描述

  C. 软件层次结构   D. 软件开发过程

（66）为了避免流程图在描述程序逻辑时的灵活性，提出了用方框图来代替传统的程序流程图，通常也把这种图称为_____。（B）

  A. PAD 图   B. N–S 图   C. 结构图   D. 数据流图

（67）数据处理的最小单位是_____。（C）

  A. 数据   B. 数据元素   C. 数据项   D. 数据结构

（68）下列有关数据库的描述，正确的是_____。（C）

  A. 数据库是一个 DBF 文件

  B. 数据库是一个关系

  C. 数据库是一个结构化的数据集合

  D. 数据库是一组文件

（69）单个用户使用的数据视图的描述称为_____。（A）

  A. 外模式   B. 概念模式   C. 内模式   D. 存储模式

（70）需求分析阶段的任务是确定_____。（D）

  A. 软件开发方法   B. 软件开发工具

  C. 软件开发费用   D. 软件系统功能

（71）算法分析的目的是_____。（D）

  A. 找出数据结构的合理性

  B. 找出算法中输入和输出之间的关系

  C. 分析算法的易懂性和可靠性

  D. 分析算法的效率以求改进

（72）n 个顶点的强连通图的边数至少有_____。（C）

  A. $n-1$ B. $n(n-1)$ C. n D. $n+1$

（73）已知数据表 A 中每个元素距其最终位置不远，为节省时间，应采用的算法是_____。（B）

  A. 堆排序   B. 直接插入排序   C. 快速排序   D. 直接选择排序

（74）用链表表示线性表的优点是_____。（A）

  A. 便于插入和删除操作

  B. 数据元素的物理顺序与逻辑顺序相同

  C. 花费的存储空间较顺序存储少

  D. 便于随机存取

（75）下列不属于结构化分析常用工具的是_____。（D）

A. 数据流图　　　　B. 数据字典　　　　C. 判定树　　　　D. PAD 图

（76）软件开发的结构化生命周期方法将软件生命周期划分成_____。（A）

A. 定义、开发、运行维护

B. 设计阶段、编程阶段、测试阶段

C. 总体设计、详细设计、编程调试

D. 需求分析、功能定义、系统设计

（77）在软件工程中，白箱测试法可用于测试程序的内部结构。此方法将程序看作是_____。（C）

A. 循环的集合　　B. 地址的集合　　　C. 路径的集合　　　D. 目标的集合

（78）在数据管理技术的发展过程中，文件系统与数据库系统的主要区别是数据库系统具有_____。（D）

A. 数据无冗余　　　　　　　　B. 数据可共享

C. 专门的数据管理软件　　　　D. 特定的数据模型

（79）分布式数据库系统不具有的特点是_____。（B）

A. 分布式　　　　　　　　　　B. 数据冗余

C. 数据分布性和逻辑整体性　　D. 位置透明性和复制透明性

（80）下列说法中，不属于数据模型所描述的内容的是_____。（C）

A. 数据结构　　B. 数据操作　　　C. 数据查询　　　D. 数据约束

2. 填空题

（1）算法的复杂度主要包括_____复杂度和空间复杂度。

答：时间

（2）数据的逻辑结构在计算机存储空间中的存放形式称为数据的_____。

答：模式或逻辑模式或概念模式

（3）若按功能划分，则软件测试的方法通常分为白盒测试方法和_____测试方法。

答：黑盒

（4）如果一个工人可以管理多个设施，而一个设施只被一个工人管理，则实体"工人"与实体"设备"之间存在_____联系。

答：一对多或 $1:N$ 或 $1:n$

（5）关系数据库管理系统能实现的专门关系运算包括选择、连接和_____。

答：投影

（6）在先左后右的原则下，根据访问根结点的次序，二叉树的遍历可以分为三种：前序遍历、_____遍历和后序遍历。

答：中序

（7）结构化程序设计方法的主要原则可以概括为自顶向下、逐步求精、_____和限制使用 goto 语句。

答：模块化

（8）软件的调试方法主要有强行排错法、_____和原因排除法。

答：回溯法

（9）数据库系统的三级模式分别为_____模式、内部级模式与外部级模式。

答：概念或概念级

（10）数据字典是各类数据描述的集合，它通常包括五个部分，即数据项、数据结构、数据流、_____和处理过程。

答：数据存储

（11）设一棵完全二叉树共有 500 个结点，则在该二叉树中有_____个叶子结点。

答：250

（12）在最坏情况下，冒泡排序的时间复杂度为_____。

答：$n(n-1)/2$ 或 $n*(n-1)/2$ 或 $O(n(n-1)/2)$ 或 $O(n*(n-1)/2)$

（13）面向对象程序设计方法中涉及的对象是系统中用来描述客观事物的一个_____。

答：实体

（14）软件需求分析阶段的工作，可以概括为四个方面：_____、需求分析、编写需求规格说明书和需求评审。

答：需求获取

（15）_____是数据库应用的核心。

答：数据库设计

（16）数据结构包括数据的_____结构和数据的存储结构。

答：逻辑

（17）软件工程研究的内容主要包括_____技术和软件工程管理。

答：软件开发

（18）与结构化需求分析方法相对应的是_____方法。

答：结构化设计

（19）关系模型的完整性规则是对关系的某种约束条件，包括实体完整性、_____和自定义完整性。

答：参照完整性

（20）数据模型按不同的应用层次分为三种类型，它们是_____数据模型、逻辑数据模型和物理数据模型。

答：概念

（21）栈的基本运算有三种：入栈、退栈和＿＿＿＿。

答：读栈顶元素或读栈顶的元素或读出栈顶元素

（22）在面向对象方法中，信息隐蔽是通过对象的＿＿＿＿性来实现的。

答：封装

（23）数据流的类型有＿＿＿＿和事务型。

答：变换型

（24）数据库系统中实现各种数据管理功能的核心软件称为＿＿＿＿。

答：数据库管理系统或 DBMS

（25）关系模型的数据操纵即是建立在关系上的数据操纵，一般有＿＿＿＿、增加、删除和修改四种操作。

答：查询

（26）实现算法所需存储单元的多少和算法工作量的大小分别称为算法的＿＿＿＿。

答：空间复杂度和时间复杂度

（27）数据结构包括数据的逻辑结构、数据的＿＿＿＿以及对数据的操作运算。

答：存储结构

（28）一个类可以从直接或间接的祖先中继承所有属性和方法。采用这个方法提高了软件的＿＿＿＿。

答：可重用性

（29）面向对象的模型中，最基本的概念是对象和＿＿＿＿。

答：类

（30）软件维护活动包括以下几类：改正性维护、适应性维护、＿＿＿＿维护和预防性维护。

答：完善性

（31）算法的基本特征是可行性、确定性、＿＿＿＿和拥有足够的情报。

答：有穷性

（32）顺序存储方法是把逻辑上相邻的结点存储在物理位置＿＿＿＿的存储单元中。

答：相邻

（33）Jackson 结构化程序设计方法是英国的 M. Jackson 提出的，它是一种面向＿＿＿＿的设计方法。

答：数据结构

（34）数据库设计分为以下六个设计阶段：需求分析阶段、＿＿＿＿、逻辑设计阶段、物理设计阶段、实施阶段、运行和维护阶段。

答：概念设计阶段或数据库概念设计阶段

（35）数据库保护分为安全性控制 、_____、并发性控制和数据的恢复。

答：完整性控制

（36）测试的目的是暴露错误，评价程序的可靠性；而_____的目的是发现错误的位置并改正错误。

答：调试

（37）在最坏情况下，堆排序需要比较的次数为_____。

答：$O(n\log_2 n)$

（38）若串 s = "Program"，则其子串的数目是_____。

答：29

（39）一个项目具有一个项目主管，一个项目主管可管理多个项目，则实体"项目主管"与实体"项目"的联系属于_____的联系。

答：1 对多或 1 : N

（40）数据库管理系统常见的数据模型有层次模型、网状模型和_____三种。

答：关系模型

二、全国计算机等级考试二级 （Access 数据库程序设计）公共基础部分模拟试题二

1. 选择题

（1）在深度为 5 的满二叉树中，叶子结点的个数为_____。（C）

A. 32   B. 31   C. 16   D. 15

（2）若某二叉树的前序遍历访问顺序是 abdgcefh，中序遍历访问顺序是 dgbaechf，则其后序遍历的结点访问顺序是_____。（D）

A. bdgcefha   B. gdbecfha   C. bdgaechf   D. gdbehfca

（3）一些重要的程序语言（如 C 语言和 Pascal 语言）允许过程的递归调用。而实现递归调用中的存储分配通常用_____。（A）

A. 栈   B. 堆   C. 数组   D. 链表

（4）软件工程的理论和技术性研究的内容主要包括软件开发技术和_____。（B）

A. 消除软件危机   B. 软件工程管理

C. 程序设计自动化   D. 实现软件可重用

（5）开发软件时对提高开发人员工作效率至关重要的是_____。（B）

A. 操作系统的资源管理功能   B. 先进的软件开发工具和环境

C. 程序人员的数量   D. 计算机的并行处理能力

（6）在软件测试设计中，软件测试的主要目的是_____。（D）

A. 实验性运行软件　　　　　　　　B. 证明软件正确

C. 找出软件中全部错误　　　　　　D. 发现软件错误而执行程序

（7）数据处理的最小单位是_____。（C）

A. 数据　　　　B. 数据元素　　　　C. 数据项　　　　D. 数据结构

（8）索引属于_____。（B）

A. 模式　　　　B. 内模式　　　　C. 外模式　　　　D. 概念模式

（9）下述关于数据库系统的叙述中正确的是_____。（A）

A. 数据库系统减少了数据冗余

B. 数据库系统避免了一切冗余

C. 数据库系统中数据的一致性是指数据类型一致

D. 数据库系统比文件系统能管理更多的数据

（10）数据库系统的核心是_____。（B）

A. 数据库　　　　　　　　　　　　B. 数据库管理系统

C. 模拟模型　　　　　　　　　　　D. 软件工程

（11）在以下数据库系统（由数据库应用系统、操作系统、数据库管理系统、硬件四部分组成）层次示意图中，数据库应用系统的位置是_____。（D）

数据库系统层次示意图

A. 1　　　　　B. 3　　　　　C. 2　　　　　D. 4

（12）数据库系统四要素中，数据库系统的核心和管理对象是_____。（C）

A. 硬件　　　　B. 软件　　　　C. 数据库　　　　D. 人

（13）Access 数据库中哪个数据库对象是其他数据库对象的基础？_____。（C）

A. 报表　　　　B. 查询　　　　C. 表　　　　D. 模块

（14）通过关联关键字"系别"这一相同字段，表二和表一构成的关系为_____。（C）

表一

学号	系别	班级
3011141082	一系	0102
3011141123	一系	0102
3011142044	二系	0122

表二

关联关键字段"系别"

系别	报到人数	未到人数
一系	100	3
二系	200	3
三系	300	6

A. 一对一   B. 多对一   C. 一对多   D. 多对多

（15）某数据库的表中要添加 Internet 站点的网址，则该采用的字段类型是_____。（B）

A. OLE 对象数据类型   B. 超链接数据类型

C. 查阅向导数据类型   D. 自动编号数据类型

（16）在 Access 的五个最主要的查询中，能从一个或多个表中检索数据，在一定的限制条件下，还可以通过此查询方式来更改相关表中记录的是_____。（A）

A. 选择查询   B. 参数查询   C. 操作查询   D. SQL 查询

（17）哪个查询是包含另一个选择或操作查询中的 SQL SELECT 语句，可以在查询设计视图窗口的"字段"行输入这些语句来定义新字段，或在"准则"行来定义字段的准则？_____。（D）

A. 联合查询   B. 传递查询   C. 数据定义查询   D. 子查询

（18）下列不属于查询的三种视图的是_____。（B）

A. 设计视图   B. 模板视图   C. 数据表视图   D. SQL 视图

（19）要将"选课成绩"表中学生的成绩取整，可以使用_____。（B）

A. Abs（［成绩］）   B. Int（［成绩］）

C. Srq（［成绩］）   D. Sgn（［成绩］）

（20）在查询设计视图中，_____。（A）

A. 可以添加数据库表，也可以添加查询

B. 只能添加数据库表

C. 只能添加查询

D. 以上两者都不能添加

（21）窗体是 Access 数据库中的一种对象，以下 _____ 不是窗体具备的功能。（C）

A. 输入数据　　　　　　　　　　B. 编辑数据

C. 输出数据　　　　　　　　　　D. 显示和查询表中的数据

（22）窗体有三种视图，用于创建窗体或修改窗体的窗口是窗体的_____。（A）

A. 设计视图　　　　　　　　　　B. 窗体视图

C. 数据表视图　　　　　　　　　D. 透视表视图

（23）"特殊效果"属性值用于设定控件的显示特效，下列属于"特殊效果"属性值的是_____。（D）

①"平面"、②"颜色"、③"凸起"、④"蚀刻"、⑤"透明"、⑥"阴影"、⑦"凹陷"、⑧"凿痕"、⑨"倾斜"

A. ①②③④⑤⑥　　B. ①③④⑤⑥⑦　　C. ①④⑥⑦⑧⑨　　D. ①③④⑥⑦⑧

（24）窗口事件是指操作窗口时所引发的事件，下列不属于窗口事件的是_____。（D）

A. "加载"　　　　B. "打开"　　　　C. "关闭"　　　　D. "确定"

（25）下面关于报表对数据的处理中叙述正确的是_____。（B）

A. 报表只能输入数据　　　　　　B. 报表只能输出数据

C. 报表可以输入和输出数据　　　D. 报表不能输入和输出数据

（26）用于实现报表的分组统计数据的操作区间是_____。（D）

A. 报表的主体区域　　　　　　　B. 页面页眉或页面页脚区域

C. 报表页眉或报表页脚区域　　　D. 组页眉或组页脚区域

（27）为了在报表的每一页底部显示页码号，那么应该设置_____。（C）

A. 报表页眉　　　B. 页面页眉　　　C. 页面页脚　　　D. 报表页脚

（28）要在报表上显示格式为"7/总 10 页"的页码，则计算控件的控件来源应设置为_____。（D）

A. ［Page］/总［Pages］　　　　　　B. =［Page］/总［Pages］

C. ［Page］&"/总"&［Pages］　　　　D. =［Page］&"/总"&［Pages］

（29）可以将 Access 数据库中的数据发布在 Internet 上的是_____。（B）

A. 查询　　　　　B. 数据访问页　　　C. 窗体　　　　　D. 报表

（30）下列关于宏操作的叙述错误的是_____。（D）

A. 可以使用宏组来管理相关的一系列宏

B. 使用宏可以启动其他应用程序

C. 所有宏操作都可以转化为相应的模块代码

D. 宏的关系表达式中不能应用窗体或报表的控件值

（31）用于最大化激活窗口的宏命令是_____。（C）

A. Minimize   B. Requery   C. Maximize   D. Restore

（32）在宏的表达式中要引用报表"exam"上控件"Name"的值，可以使用引用式_____。（B）

A. Reports！Name   B. Reports！exam！Name

C. exam！Name   D. Reports exam Name

（33）可以判定某个日期表达式能否转换为日期或时间的函数是_____。（B）

A. CDate   B. IsDate   C. Date   D. IsText

（34）以下哪个选项定义了 10 个整型数构成的数组，数组元素为 NewArray（1）至 NewArray（10）？_____。（B）

A. Dim NewArray（10）As Integer   B. Dim NewArray（1 To 10）As Integer

C. Dim NewArray（10）Integer   D. Dim NewArray（1 To 10）Integer

（35）算法的空间复杂度是指_____。（D）

A. 算法程序的长度

B. 算法程序中的指令条数

C. 算法程序所占的存储空间

D. 执行过程中所需要的存储空间

（36）用链表表示线性表的优点是_____。（C）

A. 便于随机存取

B. 花费的存储空间较顺序存储少

C. 便于插入和删除操作

D. 数据元素的物理顺序与逻辑顺序相同

（37）数据结构中，与所使用的计算机无关的是数据的_____。（C）

A. 存储结构   B. 物理结构   C. 逻辑结构   D. 物理和存储结构

（38）结构化程序设计主要强调的是_____。（D）

A. 程序的规模   B. 程序的效率

C. 程序设计语言的先进性   D. 程序易读性

（39）软件设计包括软件的结构、数据接口和过程设计，其中软件的过程设计是指_____。（B）

A. 模块间的关系   B. 系统结构部件转换成软件的过程描述

C. 软件层次结构   D. 软件开发过程

（40）检查软件产品是否符合需求定义的过程称为_____。（A）

A. 确认测试　　　B. 集成测试　　　C. 验证测试　　　D. 验收测试

（41）数据流图用于抽象描述一个软件的逻辑模型，数据流图由一些特定的图符构成。下列图符名标识的图符不属于数据流图合法图符的是_____。（A）

A. 控制流　　　B. 加工　　　C. 数据存储　　　D. 源和潭

（42）应用数据库的主要目的是_____。（C）

A. 解决数据保密问题　　　　　　B. 解决数据完整性问题

C. 解决数据共享问题　　　　　　D. 解决数据量大的问题

（43）在数据库设计中，将 E-R 图转换成关系数据模型的过程属于_____。（B）

A. 需求分析阶段　　　　　　　　B. 逻辑设计阶段

C. 概念设计阶段　　　　　　　　D. 物理设计阶段

（44）在数据管理技术的发展过程中，经历了人工管理阶段、文件系统阶段和数据库系统阶段。其中数据独立性最高的阶段是_____。（A）

A. 数据库系统　　　B. 文件系统　　　C. 人工管理　　　D. 数据项管理

（45）DB（数据库）、DBS（数据库系统）、DBMS（数据库管理系统）三者之间的关系是_____。（A）

A. DBS 包括 DB 和 DBMS　　　　B. DBMS 包括 DB 和 DBS

C. DB 包括 DBS 和 DBMS　　　　D. DBS 等于 DB 等于 DBMS

（46）下图所示的数据模型属于_____。（A）

A. 层次模型　　　B. 关系模型　　　C. 网状模型　　　D. 以上皆非

（47）下列关系模型中术语解析不正确的是_____。（A）

A. 记录，满足一定规范化要求的二维表，也称为关系

B. 字段，二维表中的一列

C. 数据项，也称为分量，是每个记录中的一个字段的值

D. 字段的值域，字段的取值范围，也称为属性域

（48）用 SQL 语言描述"在教师表中查找男教师的全部信息"，以下描述正确的是_____。（C）

A. SELECT FROM 教师表 IF 性别 ='男'

B. SELECT 性别 FROM 教师表 IF 性别 ='男'

C. SELECT * FROM 教师表 WHERE 性别 ='男'

D. SELECT * FROM 性别 WHERE 性别 ='男'

（49）将所有字符转换为大写的输入掩码是_____。（A）

A. >   B. <   C. 0   D. A

（50）Access 中表与表的关系都定义为_____。（A）

A. 一对多关系   B. 多对多关系   C. 一对一关系   D. 多对一关系

（51）下列属于操作查询的是_____。（D）

① 删除查询

② 更新查询

③ 交叉表查询

④ 追加查询

⑤ 生成表查询

A. ①②③④   B. ②③④⑤   C. ③④⑤①   D. ④⑤①②

（52）哪个查询会在执行时弹出对话框，提示用户输入必要的信息，再按照这些信息进行查询？_____。（B）

A. 选择查询   B. 参数查询   C. 交叉表查询   D. 操作查询

（53）查询能实现的功能有_____。（D）

A. 选择字段，选择记录，编辑记录，实现计算，建立新表，建立数据库

B. 选择字段，选择记录，编辑记录，实现计算，建立新表，更新关系

C. 选择字段，选择记录，编辑记录，实现计算，建立新表，设置格式

D. 选择字段，选择记录，编辑记录，实现计算，建立新表，建立基于查询的报表和窗体

（54）特殊运算符 "ln" 的含义是_____。（B）

A. 用于指定一个字段值的范围，指定的范围之间用 And 连接

B. 用于指定一个字段值的列表，列表中的任一值都可与查询的字段相匹配

C. 用于指定一个字段为空

D. 用于指定一个字段为非空

（55）下面示例中准则的功能是_____。（C）

字段名	准则
工作时间	Between#99-01-01# and#99-12-31#

A. 查询 1999 年 1 月之前参加工作的职工

B. 查询 1999 年 12 月之后参加工作的职工

C. 查询 1999 年参加工作的职工

D. 查询 1999 年 1 月和 2 月参加工作的职工

（56）窗体中的信息不包括_____。（B）

A. 设计者在设计窗口时附加的一些提示信息

B. 设计者在设计窗口时输入的一些重要信息

C. 所处理表的记录

D. 所处理查询的记录

（57）用于创建窗体或修改窗体的窗口是窗体的_____。（A）

A. 设计视图　　　　B. 窗体视图　　　　C. 数据表视图　　　　D. 透视表视图

（58）没有数据来源且可以用来显示信息、线条、矩形或图像的控件的类型是_____。（B）

A. 结合型　　　　B. 非结合型　　　　C. 计算型　　　　D. 非计算型

（59）下列不属于控件格式属性的是_____。（B）

A. 标题　　　　B. 正文　　　　C. 字号　　　　D. 字体粗细

（60）鼠标事件是指操作鼠标所引发的事件，下列不属于鼠标事件的是_____。（D）

A."鼠标按下"　　B."鼠标移动"　　C."鼠标释放"　　D."鼠标锁定"

（61）对报表属性中的数据源设置，下列说法正确的是_____。（C）

A. 只能是表对象

B. 只能是查询对象

C. 既可以是表对象也可以是查询对象

D. 以上说法均不正确

（62）报表中的报表页眉是用来_____。（B）

A. 显示报表中的字段名称或对记录的分组名称

B. 显示报表的标题、图形或说明性文字

C. 显示本页的汇总说明

D. 显示整份报表的汇总说明

（63）数据访问页有两种视图方式，它们是_____。（B）

A. 设计视图和数据表视图　　　　　　B. 设计视图和页视图

C. 设计视图和打印预览视图　　　　　D. 设计视图和窗体视图

（64）能够创建宏的设计器是_____。（D）

A. 窗体设计器　　B. 报表设计器　　　C. 表设计器　　　　D. 宏设计器

（65）用于打开报表的宏命令是_____。（C）

A. OpenForm　　　B. Openquery　　　C. OpenReport　　　D. RunSQL

（66）以下关于标准模块的说法不正确的是_____。（C）

A. 标准模块一般用于存放其他 Access 数据库对象使用的公共过程

B. 在 Access 系统中可以通过创建新的模块对象而进入其代码设计环境

C. 标准模块所有的变量或函数都具有全局特性，是公共的

D. 标准模块的生命周期是伴随着应用程序的运行而开始，关闭而结束

2. 填空题

（1）数据的逻辑结构有线性结构和_____两大类。

答：非线性结构

（2）顺序存储方法是把逻辑上相邻的结点存储在物理位置_____的存储单元中。

答：相邻

（3）一个类可以从直接或间接的祖先中继承所有属性和方法，采用这个方法提高了软件的_____。

答：可重用性

（4）软件工程研究的内容主要包括：_____技术和软件工程管理。

答：软件开发

（5）关系操作的特点是_____操作。

答：集合

（6）查询设计器分为上下两部分，上半部分是表的显示区，下半部分是_____。

答：查询设计区

（7）窗体中的窗体称为_____，其中可以创建_____。

答：子窗体　控件

（8）表操作共有三种视图，分别是设计视图、打印视图、_____视图。

答：版面预览

（9）在树形结构中，树根结点没有_____。

答：前件

（10）Jackson 结构化程序设计方法是英国的 M. Jackson 提出的，它是一种面向_____的设计方法。

答：数据结构

（11）在面向对象的模型中，最基本的概念是对象和_____。

答：类

（12）软件设计模块化的目的是_____。

答：降低复杂性

（13）数据模型按不同应用层次分成三种类型，它们是概念数据模型、_____和物理数据模型。

答：逻辑数据模型

（14）二维表中的一行称为关系的_____。

答：记录元组

（15）三个基本的关系运算是_____、_____和连接。

答：选择 投影

（16）窗体由多个部分组成，每个部分称为一个_____，大部分的窗体只有_____。

答：节 主体

（17）_____是窗体上用于显示数据、执行操作、装饰窗体的对象。

答：控件

（18）一个主报表最多只能包含_____子窗体或子报表。

答：两级

（19）在数据访问页的工具箱中，图标的名称是_____。

答：命令按钮

（20）数据访问页有两种视图，分别为页视图和_____。

答：设计视图

（21）VBA 中定义符号常量的关键字是_____。

答：Const

○ 参考文献

［1］赵洪帅，贾玲玲，兰义湧. Access 2010 数据库上机实训教程［M］. 北京：中国铁道出版社，2013.

［2］陈薇薇，巫张英. Access 基础与应用教程（2010 版）［M］. 北京：中国铁道出版社，2013.

［3］刘敏华，谷岩. 数据库技术及应用实践教程——Access 2010［M］. 北京：高等教育出版社，2014.

［4］赵洪帅. Access 2010 数据库应用技术教程［M］. 北京：中国铁道出版社，2013.

［5］教育部考试中心. 全国计算机等级考试二级教程——Access 数据库程序设计（2013年版）［M］. 北京：高等教育出版社，2013.